Claus Kühnel

Embedded Linux
mit dem Raspberry Pi
für Ein- und Umsteiger

Claus Kühnel

Embedded Linux
mit dem Raspberry Pi
für Ein- und Umsteiger

Bibliografische Information der Deutschen Nationalbibliothek

Die Deutsche Nationalbibliothek verzeichnet diese Publikation in der Deutschen Nationalbibliografie; detaillierte bibliografische Daten sind im Internet über http://dnb.d-nb.de abrufbar.

© 2013 Skript Verlag Kühnel, CH-8852 Altendorf

Vorwort

Bereits durch die Ankündigung, mit dem Raspberry Pi einen Linux-Rechner für weniger als 35 € an den Markt zu bringen, wurde ein regelrechter Hype ausgelöst.

Im Sommer 2012 konnte das scheckkartengrosse ARM-basierende Mikrocontrollerboard bestellt und auch geliefert werden und lädt seither zum Experimentieren ein.

Neben dem Raspberry Pi gibt es weitere Boards, die auch im Wesentlichen auf ARM-Technologie basieren, nicht ganz so kostengünstig, dafür allerdings meist etwas leistungsfähiger sind.

Der Untertitel „für Ein- und Umsteiger" soll gleichzeitig verdeutlichen, an wen als Leser mit diesem Buch primär gedacht ist.

Hier geht es nicht um Linux als alternatives Betriebssystem für den PC, sondern den Einsatz von Linux in einem Embedded System und um das Embedded System selbst. Der Schwerpunkt der Betrachtungen liegt dabei ganz klar auf dem Raspberry Pi.

Die Komplexität heutiger Anforderungen an Elektronikkomponenten ist an vielen Stellen mit den klassischen Konzepten um Mikrocontroller, wie den mittlerweile etwas betagten aber in seinen unterschiedlichen Derivaten immer noch verbreiteten 8051, die breite Palette der Atmel- und PIC-Controller bzw. die Controller von deren Mitbewerbern, wie Texas Instruments, Renesas und vielen anderen, kaum umsetzbar. Hinzu kommt der Preiszerfall in diesem Sektor, der für den Einsatz leistungsfähiger 32-Bit-Mikrocontroller, wie ARM- oder Cortex-Derivate, spricht.

Während die leistungsschwächeren (8-Bit-) Mikrocontroller meist ohne Betriebssystem betrieben wurden, kommt man bei den 32-Bit-Mikrocontrollern kaum noch um den Einsatz eines Betriebssystems herum.

Das Betriebssystem bietet Schnittstellentreiber, Dateisystem, Multi-Threading u.a. und übernimmt damit wiederkehrenden Aufgaben, für die stabile Softwarekomponenten zur Verfügung stehen.

Leistungsfähige und schlanke Linux-Derivate können heute auch auf einfacheren Prozessoren eingesetzt werden und sind frei verfügbar. Dem gegenüber stehen auch kommerzielle Linux-Systeme, bei denen der Anwender dann auch die entsprechende Betreuung durch den Lieferanten erfährt.

Welchen Weg man irgendwann mal einschlägt, ob kommerzielles oder freies Linux, wird durch eine Vielzahl von Bedingungen beeinflusst, die hier erst mal nicht im Vordergrund stehen.

Wir wollen uns hier vorrangig mit Embedded Linux auf dem Raspberry Pi befassen. Die verwendete Linux-Distribution stellt einen grafischen Desktop zur Verfügung, der hier aber nicht von primärem Interesse ist.

Unser primäres Userinterface hier ist klassisch die Kommandozeile, wie sie vielen Mikrocontroller-Programmierern aus deren Projekten als Terminal-Schnittstelle bekannt ist. Ein grafisches Userinterface ist für viele geschlossene Embedded Systems (deeply embedded) ohnehin nicht erforderlich, oder kann durch ein Web-Interface ersetzt werden. Der heimische Router ist dafür ein sehr gutes Beispiel.

Mit dem Einsatz von Linux in einem Embedded System kommt eine Reihe von neuen Ansätzen auf den Umsteiger aus der konventionellen Mikrocontrollerwelt zu, mit denen wir uns hier erst einmal auseinandersetzen werden.

Alle gelisteten Quelltexte und einige Erläuterungen sind unter SourceForge abgelegt (http://sourceforge.net/projects/raspberrypisnip/).

Zum Buch existiert außerdem eine Webseite http://www.ckuehnel.ch/Raspi-Buch.html.

Zur Vereinfachung der Lesbarkeit folge ich bei der textlichen Darstellung folgenden Konventionen:

- Kommandos und Ausgaben über die Console werden in `Courier New` dargestellt.

- Eingaben über die Console erscheinen in **`Courier New`**.

- Programm- und Dateinamen erscheinen *kursiv*.

Neben der hier vorliegenden Print-Version gibt es zu diesem Buch auch eine eBook-Version (ISBN 978-3-907857-18-2), bei der die im Text vorhandenen Hyperlinks direkt zu den verlinkten Stellen führen.

Alle im Buch vorhandenen Links wurden im Sommer 2013 auf ihre Richtigkeit hin überprüft.

Dank sagen möchte ich Daniel Zwirner und Thomas Pantzer für viele anregende Diskussionen während der Erarbeitung des Manuskriptes. Darüber hinaus möchte ich Thomas Pantzer für die kritische Durchsicht des Manuskiptes danken.

Da sich das Internet kontinuierlich wandelt, kann nicht sichergestellt werden, dass diese Links zu einem späteren Zeitpunkt noch zum Ziel führen oder noch dieselben Inhalte besitzen, wie zum Zeitpunkt der Aufnahme. Bitte teilen Sie mir fehlerhafte Links mit.

Altendorf, im Sommer 2013   Claus Kühnel

Inhalt

1. Raspberry Pi

Mit dem Raspberry Pi verfolgt die Raspberry Pi Foundation das Ziel, Kindern, Jugendlichen und allen anderen Interessenten mit Hilfe einer preisgünstigen Hardware das Programmieren näher zu bringen. Es ist ein Versuch den Hype um Computer, wie Sinclair ZX81, Commodore 64 und Atari ST Anfang der 1980er Jahre auf Basis fortgeschrittener Technologie wiederzubeleben. So könnten der Informatik-Unterricht in Schulen interessanter gestaltet und Schüler gleichzeitig motiviert werden, sich in ihrer Freizeit mit dieser Technik zu beschäftigen.

Begonnen hat die Raspberry Pi Story bereits im Jahr 2006. Der erste Prototyp wurde damals auf Basis eines mit 22.1 MHz getakteten Atmel ATmega644 mit 512 KByte RAM entwickelt.

Entwickelt hat den Raspberry Pi der britische Spieledesigner David Braben mit einigen Mitstreitern. Der Informatiker Eben Upton hatte die Idee zur Stiftung, der auch Jack Lang, der den legendären Heimrechner BBC Micro mitentwickelte, Unternehmer Pete Lomas und die Informatiker Alan Mycroft und Rob Mullins von der Cambridge University angehören [1].

Das auf dem ATmega644 basierende Design wurde verworfen und durch eine leistungsfähigere Hardware ersetzt. Zum Einsatz kommt mit dem BCM2835 ein System-on-Chip (SoC) Multimedia Prozessor der Fa. Broadcom (http://www.broadcom.com), welcher CPU, GPU und SDRAM umfasst.

Im August 2011 waren die Alpha-Boards für erste Software-Implementierungen parat. Mit den ersten Applikationen startete Eben Upton eine intensive Kampagne, um den Raspberry Pi bekannt zu machen. Das Echo in den Medien war überwältigend. Im Oktober konnte Raspberry Pi dann den "Best in Show" Award für Hardware Design auf der ARM TechCon gewinnen.

Im November schließlich war das finale Layout des Raspberry Pi Boards fertig, Anfang Dezember gab es erste PCBs und im Januar konnte die Fertigung starten.

Der Vertrieb der Raspberry Pi Boards, ursprünglich über den eShop der Raspberry Pi Foundation geplant, wurde an die Distributoren RS Components [2] und Farnell element14 [3] delegiert. Die große Nachfrage nach Raspberry Pi Boards bekamen beide Distributoren zum Zeitpunkt der Bestellfreigabe mit Überlastung deren Server leidvoll zu spüren. Es dauerte nur wenige Minuten bis deren Websites off-line waren. Die erste Charge von 10000 Raspberry Pis war im Nu ausgebucht.

Anfang April war es schließlich möglich, ein erstes Raspberry Pi Board bei Farnell zu bestellen. Ende April waren die erforderlichen CE Compliance Tests abgeschlossen und Farnell bestätigte einen Liefertermin Ende Juni. Mitte Mai war dann auch eine Bestellung eines Raspberry Pi Boards bei RS Components möglich.

Die Beschränkung auf jeweils ein Exemplar sollte sicherstellen, dass die ersten Boards breit gestreut werden.

Anfang Juni lieferten RS Components und Farnell element14 etwas später Anfang Juli. Eine vergleichbare Story kann wahrscheinlich nahezu jeder Besteller eines Raspberry Pi erzählen.

Dennoch, dass wir im Jahr 2012 einen Linux-fähigen Single-Board-Computer zu einem Preis von unter 35 € in den Händen halten können und uns gleichsam in einem Sprung aus der 8-Bit Welt in die 32-Bit Welt verabschieden können, das ist sehr beachtenswert.

Wem die Performance des Raspberry Pi nicht reicht, der hat zahlreiche Alternativen in einem anderen Preissegment.

Bleibt zum Schluss vielleicht noch die Frage nach der Namensgebung?

Eben Upton, Mitinitiator von Raspberry Pi, meint in einem Interview [42]: „Wir wollten einen Computer speziell für Python, und es gibt eine Tradition, Computer nach Früchten wie Apricot, Acorn usw. zu benennen. Daher folgt Raspberry einer alten Tradition. Und das Pi, nun ja, wir wollten eine Verbindung mit Python. Da kommt das Pi ins Spiel."

2. Linux als Betriebssystem

Bei der Vielzahl heute verfügbarer Betriebssysteme wird man sich fragen, warum hat sich die Raspberry Pi Foundation für Linux entschieden?

Man kann auch anders fragen, warum entscheiden sich so viele Anwender für Linux auf ihren eingebetteten Systemen (Embedded Systems), wie Steuerungsrechnern, Netzwerkkomponenten u.a.m.

Hier soll versucht werden, eine Antwort auf diese berechtigte Frage zu finden.

Linux ist heute auf vielfältigen Computer-Plattformen zu finden, ohne dass das immer offenkundig ist. Zu nennen sind hier:

- Supercomputer
- Großrechner in Rechenzentren
- Server

- Netzwerkkomponenten (Hubs, Switches, Router u.a.m.)

- Desktops (PCs, Notebooks, Netbooks)

- Tablet-PCs, PDAs, Mobiltelefone

- Embedded Systems (Settop Box, Router, Gerätesteuerung, Messsystem)

Sicher ist Linux nicht in allen Bereichen gleichermaßen vertreten. So ist beispielsweise im Bereich von Desktops bislang kein Durchbruch zu verzeichnen, während in Rechenzentren, bei denen häufig existierende UNIX-Systeme durch Linux abgelöst werden und bei Serveranwendungen Linux stark vertreten ist und bei Supercomputern sogar dominiert.

In Netzwerkkomponenten und Mobilgeräten ist Linux wiederum stark vertreten und bei letzteren mit dem auf Linux aufbauenden Android weiter mit guten Zuwachsraten versehen.

Die zunehmende Verbreitung in Embedded Systems ist darauf zurückzuführen, dass Linux nahezu auf jeden heute aktuellen 32-Bit-Mikrocontroller portierbar ist.

Embedded Systems verzichten oft auf grafische Userinterfaces, weshalb hier das eingesetzte Linux auf die notwendigen Funktionen reduziert und mit für Embedded Systems speziellen Funktionen ausgestattet werden. Bei diesen, von den Standard-Distributionen abweichenden Konfigurationen spricht man dann von Embedded Linux.

Von Vorteil ist weiterhin das Lizenzmodell (Open Source, GPL) und die breite und sehr aktive Linux-Community.

Tabelle 1 zeigt ohne den Anspruch auf Vollständigkeit eine Auswahl von Betriebssystemen für Embedded Systems.

OS	Lizenz	Website
eCOS	GPL	http://ecos.sourceware.org/
Embedded Linux	GPL	http://www.linux.org http://www.kernel.org
embOS	proprietär	http://www.segger.com/cms/embos.html
FreeRTOS	GPL	http://www.freertos.org/
uC/-OS-II Kernel	proprietär	http://micrium.com/page/products/rtos/os-ii
OS-9	proprietär	http://www.radisys.com/products/microware-os-9/
VxWorks	proprietär	http://www.windriver.com/products/vxworks/
Windows Embedded Compact & CE	proprietär	http://www.microsoft.com/windowsembedded

Tabelle 1   Auswahl von Embedded Betriebssystemen

Wie aus dieser Aufstellung abgelesen werden kann, gibt es im Umfeld von Embedded Systems zahlreiche proprietäre Betriebssysteme, die im Allgemeinen aber auch nicht lizenzkostenfrei sind.

Für den Einsatz von Linux in Embedded Systems sprechen die Offenlegung der Quellcodes, die ein besseres Verständnis für den Entwickler und damit einfachere Anpassung und leichteres Debugging ermöglicht, gute Skalierbarkeit und dadurch breite Hardwareunterstützung, der Support durch die Community in Form von Foren und Mailinglisten sowie die Unabhängigkeit von Anbietern proprietärer Systeme.

Die unter den Adressen (URL) http://freecode.com, http://sourceforge.net und http://code.google.com erreichbaren Repositories (Dateisammlungen) bieten die Möglichkeit, Open Source Projekte zu veröffentlichen. Ein Blick in diese Repositories zeigt möglicherweise auch bereits die Lösung oder gibt zumindest Anregung für ein zu erstellendes Anwendungsprogramm.

3. Lizenzen

Das Urheberrecht bezeichnet das Recht auf Schutz des geistigen Eigentums in ideeller und materieller Hinsicht.

Bereits 1886 wurde mit der Berner Übereinkunft zum Schutze von Werken der Literatur und Kunst ein völkerrechtlicher Vertrag geschlossen. Jeder Vertragsstaat anerkennt den Schutz an Werken von Bürgern anderer Vertragspartner genauso wie den Schutz von Werken der eigenen Bürger. Ausländische Urheber sind inländischen Urhebern gleichgestellt. Der Schutz erfolgt gemäß der Berner Übereinkunft automatisch, d. h. es werden keine Registrierung und kein Copyright-Vermerk vorausgesetzt.

 Auch die Verbreitung und Nutzung von Software unterliegt dem Urheberrecht.

Durch einen Lizenzvertrag erteilt der Urheber dem Lizenznehmer ein definiertes Nutzungsrecht.

Im Gegensatz zu MacOS und Windows kauft man nicht ein Linux sondern immer eine Linux-Distribution. Darunter versteht man eine Zusammenstellung verschiedener Software-Komponenten [5].

- Linux-Kernel incl. zahlreicher freier oder proprietärer Kernel-Module (z.B. Treiber für Grafikkarten, Netzwerkkomponenten u.a.m.)

- Standardpaket util-linux

- jede Menge GNU-Projekt-Software (z.B. GNU Core Utilities, Bash, GNU Build System, GNU Binutils, GNOME oder anderes GUI)

- jede Menge Software, die nicht zum GNU-Projekt gehört (z.B. X-Window System, Wayland, KDE, BusyBox usw.)

- in der Regel eine Paketverwaltung (z.B. Debian Package Manager zusammen mit dem Advanced Packaging Tool, RPM, Pacman, Portage o.a.)

- eine Linux-Installationsroutine (z.B. Debian-Installer oder Wubi (Ubuntu))

- ein Installationsmedium (CD/DVD/USB-Stick)

- Online Software-Repositories, um Pakete updaten oder um neue Pakete installieren zu können

Für die hier behandelten Softwarekomponenten gelten unterschiedliche Lizenzen, die die Rechte und Pflichten des Lizenznehmers regeln.

Grundsätzlich kann bei den hier gelisteten Lizenzen davon ausgegangen werden, dass bei Offenlegung der benutzten und erstellten Quelltexte keine Einschränkungen wirksam werden.

Die in Tabelle 2 als Auszug angegebenen Links führen zu den speziellen Regelungen für die jeweilige Software. Detaillierte Informationen sind unter http://opensource.org/licenses/index.html zu finden. Eine sehr lesenswerte deutschsprachige Zusammenstellung ist auch unter [7] zu finden.

Software	Lizenz	Link
Linux-Kernel	GPLv2	http://www.opensource.org/licenses/gpl-2.0.php
u-Boot	GPLv2	http://www.opensource.org/licenses/gpl-2.0.php
Libc	LGPLv2.1	http://www.opensource.org/licenses/lgpl-2.1.php
GCC	GPL	http://www.opensource.org/licenses/gpl-2.0.php
X-Window System	MIT	http://opensource.org/licenses/MIT
BusyBox	GPLv2	http://www.opensource.org/licenses/gpl-2.0.php
Qt	Q Public License	http://opensource.org/licenses/QPL-1.0

Tabelle 2   Open Source Lizenzen (Auszug)

Abschließend noch einige Bemerkungen zum Unterschied zwischen freier Software und Open Source Software. Hier gibt es oft Fehlinterpretationen. Für die Begrifflichkeiten habe ich das OSADL Glossary [8] bemüht.

Freie Software

Der Nutzer ist berechtigt, die Software in welcher Weise auch immer zu verwenden.

Ganz allgemein gesagt, haben Nutzer die Freiheit, die Software auszuführen, zu kopieren, zu verbreiten, zu untersuchen, zu ändern und zu verbessern. Die Software ist jedoch nicht notwendigerweise frei in Bezug auf Kosten.

Im Gegensatz zu Open Source Software liegt die Betonung beim Begriff "freie Software" auf der Freiheit im sozialen Sinne und weniger auf der verbundenen Offenlegung von Programmquellen.

Open Source Software

Der Nutzer ist auch hier berechtigt, die Software in welcher Weise auch immer zu verwenden. Allerdings geht er die Verpflichtung ein, bei Weitergabe der Software, deren Programmquellen offen zu legen.

Im Gegensatz zu "freier Software", liegt bei Open Source Software die Betonung auf der Offenlegungspflicht und weniger auf dem sozialen Aspekt.

Aus rechtlicher Sicht sind Open-Source-Software und freie Software identisch.

4. Linux-Features

In diesem Abschnitt wollen wir uns mit einigen Merkmalen von Linux befassen, mit denen ein Entwickler konventioneller Mikrocontroller-Anwendungen möglicherweise bislang nicht konfrontiert wurde.

Linux bezeichnet den Kernel eines Multi-User und Multi-Tasking Betriebssystems, welcher 1991 von Linus Torvald entwickelt und unter der GPLv2 veröffentlicht wurde.

Wenn heute umgangssprachlich auf Linux Bezug genommen wird, dann wird im Allgemeinen eine Linux-Distribution gemeint, die neben dem Kernel und der GNU-Softwareumgebung (GNU Compiler GCC z.B.) aus zahlreichen System- und Anwendungsprogrammen besteht.

In einer Linux-Distribution wird man außerdem weitere Anwendungen finden. Dabei handelt es sich um Officepakete, Multimediasoftware, eMail Clients, Webbrowser, Editoren u.a.m.

So sind sicher den meisten Linux-Distributionen, wie Ubuntu, Fedora und SuSe bekannt. Eine gute Übersicht zu den verschiedenen Linux-Distributionen und eine stichwortartige Beschreibung der wichtigsten Alleinstellungsmerkmale ist unter http://de.wikipedia.org/wiki/Liste_von_Linux-Distributionen zu finden.

Wir werden später ein Ubuntu-Live-System installieren, um damit einen Linux-PC als Desktop-System zur Verfügung zu haben.

Hier interessiert uns aber hauptsächlich Embedded Linux, welches die meisten der zu einer Distribution gehörenden Software-Komponenten nicht benötigt, aber grundsätzlich nicht darauf verzichten muss.

4.1 User-Interface

Das grundlegende Userinterface eines Linux-Systems ist nach wie vor die Kommandozeile (Command Line Interface, CLI) und zahlreiche Experten nutzen diese auch heute noch für die Bedienung des Systems und die Entwicklung von Anwendungsprogrammen.

Auf die von Microsoft Windows her gewohnte grafische Benutzeroberfläche (Graphical User Interface, GUI) muss man aber auch nicht unter Linux verzichten. Es existieren eine Reihe unterschiedlicher Linux-Desktops, wie KDE, GNOME, LXDE u.a., die im Allgemeinen bestimmten Linux-Distributionen zugeordnet sind.

Distributionen, die eine grafische Benutzeroberfläche zur Verfügung stellen nutzen das X-Window-System, um darauf einen der genannten Desktops ausführen zu können.

Schaut man in die einschlägigen Foren, dann sind immer wieder Diskussionen zu finden, ob das GUI oder das CLI das Mittel der Wahl darstellt.

Ich gehe hier davon aus, dass die einfache Handhabung eines GUI allein schon durch das auf den meisten PCs installierte Microsoft Windows bekannt sein dürfte und verliere deshalb hierzu keine weiteren Worte.

Das CLI wird gerade von Linux-Neulingen recht unterschätzt, da man glaubt, immer komplette Befehlssequenzen und umfangreiche Datei- und Pfadnamen eintippen zu müssen, um zum Ziel zu kommen. Um die Tipparbeit in Grenzen halten zu können, dient uns unter Linux die Tabulator-Taste (TAB). Durch Betätigung der Tabulator-Taste kann eine begonnene Eingabe vervollständigt werden.

Ein weiterer Punkt sind die Möglichkeiten, die Linux und seine Shells durch Piping (Weiterleitung) und Redirection (Umleitung) bieten. Mit den Shells werden wir uns speziell in Abschnitt 4.10 befassen.

Die Ausgaben eines Kommandos können so beispielsweise in ein File umgeleitet oder an ein weiteres Kommando als Eingabe weitergeleitet werden. Ein Beispiel soll das verdeutlichen.

```
$ ls -al | grep .txt > textfiles.txt
```

Das Kommando `ls -al` listet alle Einträge eines Verzeichnisses (Dateien, Verzeichnisse, Links etc.). Die Kommandos `ls -al` und `grep .txt` werden durch das Zeichen | getrennt, wodurch der Shell mitgeteilt wird, dass die Ausgaben von `ls -al` als Eingabe für `grep .txt` dienen sollten. Durch `grep .txt` werden nur die Zeilen separiert, die die Zeichenfolge .txt enthalten. Diese Ausgabe wird dann in die Datei *textfiles.txt* umgeleitet und abgespeichert.

Durch diese Verknüpfungen der selbst schon sehr leistungsfähigen Linux-Kommandos können in der Shell, also praktisch auf der Kommandozeile, bereits komplexe Vorgänge ausgeführt werden.

4.2 Linux-Architektur

Ein recht allgemein betrachtetes Linux-System weist die in Abbildung 1 stark vereinfacht dargestellte Linux-Architektur auf [4].

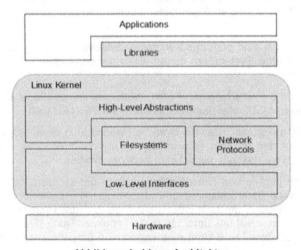

Abbildung 1 Linux-Architektur

Die Hardware eines Linux-System bedarf im Allgemeinen einer 32-Bit CPU mit einer Memory Management Unit (MMU), ausreichend RAM, I/O für das Debugging auf dem Target (JTAG, Serial, Ethernet) und die Möglichkeit für den Kernel, ein Root-Filesystem (Flash Memory oder Netzwerk) zu laden.

Direkt über der Hardware ist der Linux-Kernel positioniert. Seine Aufgabe ist es, über die Low-Level Interfaces den Zugriff auf die Hardware zu organisieren und über die High-Level Abstractions den Anwenderprogrammen ein Application Interface (API) zur Verfügung zu stellen. Diese APIs stellen sicher, dass Anwenderprogramme (weitgehend) unabhängig von der jeweiligen Hardware entwickelt werden können und sich der Portierungsaufwand beim Wechsel der Hardware in Grenzen hält.

Der Linux-Kernel ermöglicht den Datenaustausch mit den verschiedenen Speichermedien durch unterschiedliche Dateisysteme (File Systems). In gleicher Weise erfolgt die Kommunikation mit verschiedenen Netzwerkkomponenten über diverse Netzwerkprotokolle (Network Protocols).

Der Linux-Kernel benötigt für das ordnungsgemäße Arbeiten mindestens das Root Filesystem. Auf dem Root Filesystem kann das Root Verzeichnis (Wurzelverzeichnis) gemounted werden, welches alle erforderlichen Dateien umfasst, um das Linux-System in einen Zustand zu bringen, in dem weitere Dateisysteme gemounted sowie Anwendungen gestartet werden können.

Die Verzeichnisstruktur für ein Root Filesystem kann minimal sein. Es enthält u.a. den üblichen Satz von Verzeichnissen wie /dev, /bin, /etc und /sbin. In einem späteren Abschnitt gehe ich noch speziell darauf ein.

Das Root Verzeichnis ist also in der Hierarchie das Top-Level-Verzeichnis auf dem System.

Oberhalb des Linux-Kernels liegen die eigentlichen Anwenderprogramme (Applications) und die von ihnen genutzten Bibliotheken (Libraries). Die von den meisten Linux-Systemen genutzte Bibliothek ist die GNU C Library *glibc*. Da die Library *glibc* recht mächtig ist, sind kompaktere Libraries abgeleitet worden, die in Embedded Systems mit wenigen Ressourcen vorteilhaft eingesetzt werden können. Ein solches Beispiel ist die Embedded GNU C Library *eglibc* (http://www.eglibc.org).

4.3 Kernelspace vs. Userspace

Damit das Betriebssystem zuverlässig arbeiten kann, werden die Speicherbereiche für den Kernel und die Anwendungsprogramme strikt getrennt. Nur so bleiben die Systemfunktionen von den Aktivitäten der User unbeeinflusst.

Nur aus dem Kernelspace ist ein uneingeschränkter Zugriff auf die Hardware möglich. Will man aus dem Userspace auf Hardware zugreifen, dann erfolgt das immer über sogenannte System-Calls.

System-Calls werden in der Regel nicht direkt aufgerufen, sondern über Funktionen in der Library *glibc* oder einer anderen Bibliothek. Häufig ist der Name dieser Funktion der gleiche wie die Namen des System-Calls. Zum Beispiel enthält die Library *glibc* eine Funktion `truncate()`, welche ihrerseits den "truncate" System-Call aufruft. Da diese Funktionen den eigentlichen System-Call kapseln, werden Sie Wrapper-Funktionen genannt [9].

Kernel-Module erweitern die Funktionalität des Kernels ohne die Notwendigkeit, das System neu zu starten. Diese Module sind Teile des Codes im Kernelspace, die in den Kernel geladen und entladen werden können.

Ein Beispiel für Kernel-Module sind Gerätetreiber, die den Kernel auf eine bestimmte Hardware zugreifen lassen. Ohne solche nachladbaren Module, müsste stets die komplette Funktionalität im monolithischen Kernel abgebildet werden.

4.4 Ein-/Ausgabe

Im Linux-Kernel laufen zahlreiche Prozesse, deren Zugriff auf die Hardware (Speicher, I/O, Filesystem u.a.) durch das Betriebssystem koordiniert werden muss.

Deshalb erfordert jede Hardware einen eigenen Treiber, über den der Zugriff auf die betreffende Hardware unterstützt wird. Zwischen Anwendung und Treiber gibt es ein definiertes Interface und man muss sich um die Implementierungsdetails des Treibers nicht mehr kümmern. Durch diese Art der Kapselung von Funktionalität vereinfacht sich die Komplexität der Software auf Anwendungsebene.

Ein Beispiel für die Kapselung von Funktionalität ist das ab dem Linux-Kernel 2.6 zur Verfügung stehende Filesystem *sysfs* [10].

Die Organisation der Verzeichnisstruktur ist sehr einfach. Die erzeugten Files sind in der Regel ASCII-Files mit meist einem Wert pro File.

An einem Beispiel soll das verdeutlicht werden. Über das Verzeichnis /sys/class/gpio kann auf die digitalen Ein-/Ausgänge zugegriffen werden. In diesem Verzeichnis befinden sich die Dateien *export*, *gpiochip0* und *unexport*.

Um nun auf IO Pin 4 zugreifen zu können, wird die betreffende Id nach *export* geschrieben und dadurch die Datei *gpio4* erzeugt. Im neu erzeugten Verzeichnis .../gpio4 steht nun eine Reihe von Dateien, die das Verhalten des betreffenden Anschlusses charakterisieren.

So kann über die Datei *direction* der betreffende Pin als Ein- oder Ausgang konfiguriert werden, während *value* den Wert am Pin beschreibt. Bei einem Ausgang kann durch Schreiben von 0 oder 1 zwischen Lo und Hi unterschieden werden, während im Falle eines Eingangs in *value* der angelegte Pegel abgebildet wird.

Die nachfolgenden Ein- und Ausgaben über das Kommandozeilen-Interface verdeutlichen den dargestellten Sachverhalt, der später noch vertieft werden wird:

```
$ ls /sys/class/gpio
export gpiochip0 unexport
$ echo 4 > /sys/class/gpio/export
$ ls /sys/class/gpio
export gpio4 gpiochip0 unexport
$ ls /sys/class/gpio/gpio4
active_low direction edge power subsystem uevent value
```

4.5 Board Support Package (BSP)

In einem Embedded System übernimmt ein sogenanntes Board Support Package (BSP) die Anpassungen der konkreten Hardware an das Betriebssystem.

Linux wird für den PC in unterschiedlichen Distributionen angeboten. Das ist jeweils eine Zusammenstellung von Software auf Basis des Linux-Kernels.

Bei Embedded Systems stehen in der Regel andere Fragen im Vordergrund. Hier spielen Speichergrößen und benötigte Treiber für spezielle Hardware, ggf. ein eigener Bootloader und Update-Mechanismen eine wichtigere Rolle. Diese Zusammenstellung von Linux-Kernel, Treibern, Bibliotheken und Programmen ist meist an eine spezielle Hardware angepasst und wird deshalb als Board Support Package bezeichnet.

Einige Anbieter bieten auch einen Root Filesystem, eine Toolchain für die Herstellung von Programmen, die auf dem Embedded System selbst läuft, und Konfiguratoren für das laufende System an.

4.6 Zugriffsrechte

Linux ist ein Mehr-Benutzer-System, bei dem nur der Administrator (root) volle Zugriffsrechte hat, um z.B. Software zu installieren, Hardware zu konfigurieren, Dateien zu lesen, zu schreiben oder auszuführen. Jeder Benutzer erhält nur die Zugriffsrechte, die ihm der Administrator (root) zuteilt.

Jede in einem Linux-System vorhandene Datei, das sind auch Gerätedateien, Sockets, Pipes, Verzeichnisse u.a.m., weist Angaben über die Zugriffsrechte in der sogenannten Inode auf.

Der Inode (information node = Informations-Knoten) ist die zentrale Instanz im Linux-Filesystem. Im Inode werden alle relevanten Informationen über eine Datei außer dem Namen und den Daten selbst gespeichert.

Also die Rechte, die verschiedenen Zugriffs- und Änderungszeiten, Besitzer und Gruppe der Datei, usw. Ferner enthält jeder Inode noch eine Liste der Zeiger auf die Datenblöcke, in denen die eigentlichen Daten gespeichert sind.

Die Inodes sind nun ihrerseits in einer linearen Liste abgelegt, so dass man sie einfach nummerieren kann. Entsprechend werden die Inodes auch über ihre fortlaufende Nummer angesprochen.

Außerdem hat jede Datei genau einen Eigentümer und genau eine Gruppe, der sie zugehört. Die Zugriffsrechte beziehen sich immer auf eben diesen Eigentümer der Datei, auf Gruppenmitglieder der Gruppe, der die Datei angehört und auf den Rest der Welt.

Für diese drei Kategorien (Eigentümer, Gruppe, Rest) existiert jeweils eine Angabe, die beschreibt, ob die Datei für die jeweilige Kategorie lesbar (r), beschreibbar (w) und ausführbar (x) ist.

Diese Rechte können numerisch dargestellt werden. Dazu werden die Rechte wie folgt bezeichnet:

User			Group			Rest		
r	w	x	r	w	x	r	w	x
4	2	1	4	2	1	4	2	1

Die Zahlen werden für jede der drei Kategorien einzeln (zu einer Oktalzahl) addiert.

Ein Zugriffsrecht von `rw-r-----` wäre so also numerisch darstellbar als 640. Die 6 errechnet sich aus dem r (4) plus w (2) des Userrechtes, die 4 ist einfach das Leserecht (r) des Gruppenmitglieds und die 0 entspricht keinem gesetzten Recht.

Ein einfaches Beispiel soll die Rechtevergabe verdeutlichen. Für die folgenden Schritte erzeugen wir uns zuerst ein separates Verzeichnis /temp, dann schließen sich die folgenden Operationen über die Kommandozeile an:

```
$ touch a
$ ls -al
drwxr-xr-x 2 pi pi 4096 Sep 26 09:01 .
drwxr-xr-x 17 pi pi 4096 Sep 26 09:01 ..
-rw-r--r-- 2 pi pi 0 Sep 26 09:01 a
$
```

Im ersten Schritt wird eine (leere) Datei mit dem Namen a erzeugt. Mit dem Kommando `ls -al` können wir nun die Details der Datei zur Anzeige bringen.

Unsere Datei a ist eine reguläre Datei, was durch das erste Zeichen (-) gezeigt wird. Sie gehört dem User pi, der sie lesen und verändern darf (rw-). Die Datei gehört zur Gruppe pi. Mitglieder dieser Gruppe dürfen die Datei lesen (r--). Der Rest der Welt darf ebenfalls nur lesen (r--).

Folgende Dateiarten sind unter Linux definiert:

Zeichen	Dateiart
-	Reguläre (normale) Datei
d	Verzeichnis (directory)
l	Symbolischer Link (symlink)
b	Blockorientierte Gerätedatei (block device)
c	Zeichenorientierte Gerätedatei (character device)
p	Feste Programmverbindung (named pipe)
s	Netzwerk Kommunikationsendpunkt (socket)

Das Kommando `stat a` bringt eine Filestatistik zur Anzeige, die auch die Inode des betreffenden Files aufzeigt.

```
$ stat a
Datei: "a"
Größe: 0 Blöcke: 0 EA Block: 4096 reguläre leere Datei
Gerät: b302h/45826d Inode: 138805 Verknüpfungen: 2
Zugriff   : (0644/-rw-r--r--) Uid: ( 1000/  pi) Gid: ( 1000/  pi)
Zugriff   : 2012-09-26 09:01:41.664270165 +0200
Modifiziert: 2012-09-26 09:01:41.664270165 +0200
Geändert  : 2012-09-26 09:01:50.744206849 +0200
 Geburt   : -
$
```

Das Ergebnis des Kommandos `stat a` ist folgendermassen zu interpretieren:

- Datei (File): „a" – Dateiname

- Grösse (Size): 0 – Dateigrösse in Byte

- Blöcke (Blocks): 0 – Anzahl von Blöcken in der Datei

- EA Block (IO Block): 4096 – EA Block für diese Datei

- reguläre leere Datei (regular empty file) – beschreibt den Dateityp

- Gerät (Device): b302h/45826d – Device Number (hexadezimal und dezimal)

- Inode: 138805 – eine einzigartige Nummer (Index) für jede Datei

- Verknüpfungen (Links): 2 – Anzahl von Links auf diese Datei

- Zugriff (Access): (0644/-rw-r—r--) – Rechtevergabe für Eigentümer, Gruppe und Rest

- Uid: (1000/ pi) – User Id und User Name des Eigentümers der Datei

- Gid: (1000/ pi) – Gruppen Id und Gruppenname der Gruppe des Eigentümers der Datei

23

- Zugriff (Access): 2012-09-26 09:01:41.664270165 +0200 – Zeit des letzten Zugriffs auf die Datei

- Geändert (Modify): 2012-09-26 09:01:41.664270165 +0200 – Zeit der letzten Änderung an der Datei

- Geändert (Change): 2012-09-26 09:01:50.744206849 +0200 – Zeit der letzten Änderung der Inode Daten

Ein Benutzer wird aus den folgenden Gründen einer oder mehreren Gruppe(n) zugeordnet:

- Verteilung der Zugriffsrechte auf Benutzer und Gruppen

- Einfaches Benutzer-Management und –Monitoring

- Gruppen-Mitgliedschaft gibt dem Benutzer besonderen Zugang zu Dateien, Verzeichnissen oder Geräten, die zu dieser Gruppe zugeordnet sind (erleichtert die Verwaltung grosser Systeme)

Einige Beispiele sollen das Benutzer-Management verdeutlichen. Wir wollen einen neuen User anlegen, diesen einer bestehenden Gruppe zuordnen und die Zugriffsrechte einer Datei verändern.

Abbildung 2 zeigt die im Folgenden beschriebenen Aktionen des Users „pi" im Terminalfenster des Raspberry Pi Desktops nach dem Standard-Login (User: pi, Password: raspberry).

Mit den Kommandos `users` und `groups` sehen wir nach den vorhandenen Usern und Gruppen. Angemeldet ist nur der User „pi". Gruppen existieren hingegen mehrere (pi, adm, dialout cdrom, sudo, audio, video, plugdev, games, users, input).

Mit dem Kommando `sudo useradd -g pi claus` wird ein neuer User „claus" angelegt und der Gruppe „pi" zugeordnet. Ein Password wird dem User durch das Kommando `sudo passwd claus` zugeordnet. Das Password ist aus Sicherheitsgründen zweimal einzugeben.

Im nächsten Schritt legen wir mit dem Kommando `echo „123" > test` die Datei *test* an und schreiben die Zeichenfolge „123" in diese Datei.

Mit dem Kommando `ls -l test` können wir uns nun Besitzer und Zugriffsrechte der eben erzeugten Datei ansehen.

Die Ausgabe `-rw-r-r- 1 pi pi 4 Okt 25 23:27 test` gibt uns u.a. die folgenden Informationen. Der User „pi" ist Besitzer der Datei und hat Lese- und Schreibrechte, während die User der Gruppe „pi" sowie alle anderen nur Leserechte besitzen.

Das wollen wir mit Hilfe des Users „claus" überprüfen. Hierzu loggen wir uns von einem weiteren PC im Netzwerk über SSH in unseren Raspberry Pi ein. Hinweise zur Entwicklungsumgebung sind in Abschnitt 5 gegeben. Zur Verdeutlichung der Zugriffsrechte sei dieser Vorgriff hier erlaubt.

Abbildung 3 zeigt das Login des Users „claus". Nach erfolgreichem Login Wechseln wir in das Verzeichnis /home/pi in dem die Datei *test* angelegt wurde.

Als erstes soll nun die Zeichenfolge „abc" in die Datei *test* geschrieben werden, was uns aber verweigert wird (Permission denieded).

Wenn nun der User „pi" die Zugriffsrechte der Datei test mit Hilfe des Kommandos `chmod 664 test` ändert (Abbildung 2), dann könnten wir einen neuen Schreibversuch starten. Vorerst vergewissern wir uns dem Kommando `ls -l test` über die veränderten Zugriffsrechte und die Ausgabe `-rw-rw-r- 1 pi pi 4 Okt 25 23:27 test` zeigt, dass nun auch alle User der Gruppe „pi" Lese- und Schreibzugriff auf die Datei Test haben.

Ein erneuter Schreibversuch des Users „claus" zeigt Erfolg (Abbildung 3), der durch das Kommando `cat test` und die Ausgabe „abc" bestätigt werden kann.

Das gleiche Resultat auf das Kommando `cat test` erreicht User „pi" (Abbildung 2).

Zusammenfassend kann gesagt werden, dass die durch den User „pi" erzeugte Datei *test* erst dann von einem weiteren User der Gruppe „pi" beschrieben werden kann, wenn dieser Gruppe auch Schreibrechte an der Datei eingeräumt worden sind.

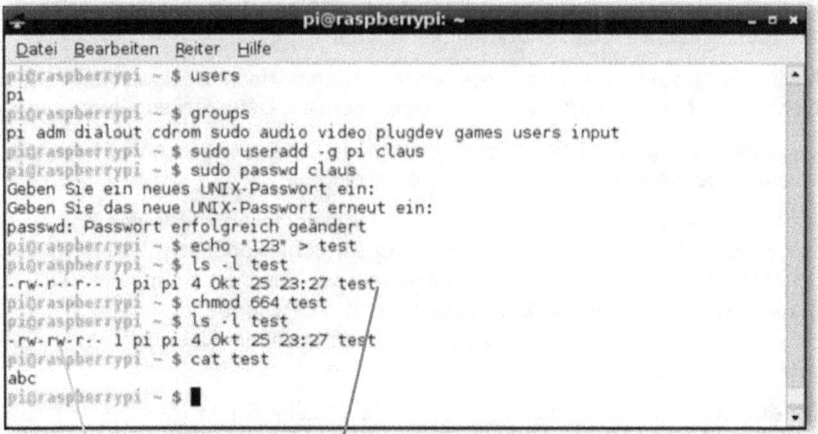

```
                          pi@raspberrypi: ~                      _ □ ×
 Datei  Bearbeiten  Reiter  Hilfe
pi@raspberrypi ~ $ users
pi
pi@raspberrypi ~ $ groups
pi adm dialout cdrom sudo audio video plugdev games users input
pi@raspberrypi ~ $ sudo useradd -g pi claus
pi@raspberrypi ~ $ sudo passwd claus
Geben Sie ein neues UNIX-Passwort ein:
Geben Sie das neue UNIX-Passwort erneut ein:
passwd: Passwort erfolgreich geändert
pi@raspberrypi ~ $ echo "123" > test
pi@raspberrypi ~ $ ls -l test
-rw-r--r-- 1 pi pi 4 Okt 25 23:27 test
pi@raspberrypi ~ $ chmod 664 test
pi@raspberrypi ~ $ ls -l test
-rw-rw-r-- 1 pi pi 4 Okt 25 23:27 test
pi@raspberrypi ~ $ cat test
abc
pi@raspberrypi ~ $ █
```

Abbildung 2 Zugriff durch User „pi"

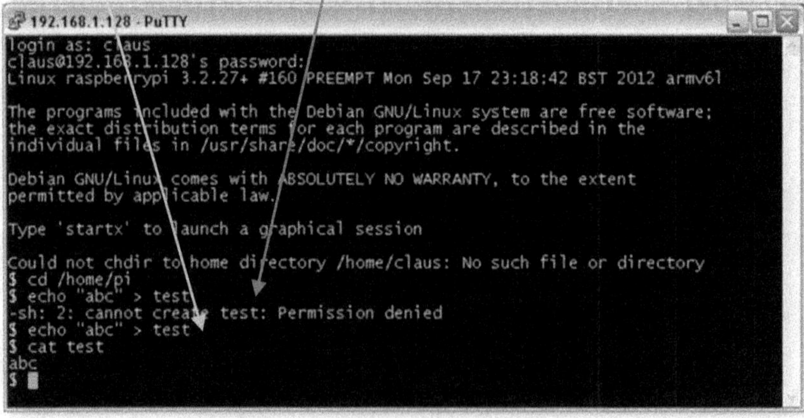

```
  192.168.1.128 - PuTTY                                        _ □ ×
login as: claus
claus@192.168.1.128's password:
Linux raspberrypi 3.2.27+ #160 PREEMPT Mon Sep 17 23:18:42 BST 2012 armv6l

The programs included with the Debian GNU/Linux system are free software;
the exact distribution terms for each program are described in the
individual files in /usr/share/doc/*/copyright.

Debian GNU/Linux comes with ABSOLUTELY NO WARRANTY, to the extent
permitted by applicable law.

Type 'startx' to launch a graphical session

Could not chdir to home directory /home/claus: No such file or directory
$ cd /home/pi
$ echo "abc" > test
-sh: 2: cannot create test: Permission denied
$ echo "abc" > test
$ cat test
abc
$ █
```

Abbildung 3 Zugriff durch User „claus"

4.7 Links

Im Linux-Filesystem ist ein Dateiname nur ein Verzeichniseintrag, der in einem Verzeichnis gespeichert ist. Neben diesem Namen ist immer ein Verweis auf die zugehörige Inode gespeichert, die wir im letzten Abschnitt als zentrale Instanz im Linux-Filesystem kennengelernt hatten. Im Inode werden alle relevanten Informationen über eine Datei außer dem Namen und den Daten selbst gespeichert.

Verweisen nun mehrere Verzeichniseinträge auf die gleiche Inode, denn sprechen wir von einem Hardlink. Ein einfaches Beispiel soll diesen Mechanismus verdeutlichen.

Für die folgenden Schritte erzeugen wir uns zuerst ein separates Verzeichnis /temp, dann schließen sich die folgenden Operationen über die Kommandozeile an:

```
$ touch a
$ touch b
$ ln a a1
$ ls -i
141938 a 141938 a1 141939 b
$ rm a
$ ls -i
141938 a1 141939 b
$
```

Zuerst erzeugen wir mit `touch a` bzw. `touch b` zwei Dateien. Mit dem Kommando `ln a a1` erzeugen wir einen Hardlink *a1* auf die Datei *a*. D.h. nichts anderes, als dass die zwei Verzeichniseinträge a und a1 auf die gleiche Inode zeigen. Wer davon der Erzeuger der durch die betreffende Inode adressierten Datei war, kann nicht mehr bestimmt werden. Das Kommand `ls -i` listet uns nun die Inodes und die zugehörigen Dateinamen (Verzeichniseinträge). Löschen wir nun Datei *a* über *rm a*, dann wird nur der betreffende Verzeichniseintrag gelöscht, die Datei selbst bleibt erhalten, weil der Verzeichniseintrag *a1* ja noch darauf zeigt.

Hardlinks nutzen die Mechanismen des Filesystems und sind deshalb auch auf die Grenzen des Filesystems, die betreffende Partition, beschränkt. Ausserdem sind Hardlinks auf Verzeichnisse nicht erlaubt.

Diese Einschränkungen von Hardlinks werden durch symbolische Links überwunden, da diese nicht mehr auf der Ebene des Filesystems arbeiten. Symbolische Links sind Dateien, die nur einen Pfad zu einer Datei oder einem Verzeichnis enthalten. Ein symbolischer Link wird durch den Dateityp „l" gekennzeichnet, um ihn von einer regulären Datei unterscheiden zu können. Ich bemühe wieder ein einfaches Beispiel zur Erläuterung symbolischer Links.

Für die folgenden Schritte gehen wir wieder von einem leeren Verzeichnis /temp aus und es schließen sich dann die folgenden Operationen über die Kommandozeile an:

```
$ touch a
$ ln -s a a1
$ ls -i
141938 a 141939 a1
$ ls -l
total 0
-rw-r--r-- 1 pi pi 0 Aug 10 18:19 a
```

```
lrwxrwxrwx 1 pi pi 1 Aug 10 18:19 a1 -> a
$ rm a
$ cat a1
cat: a1: No such file or directory
```

Mit dem Kommando `touch` a wird wieder eine Datei *a* angelegt. Anschliessend wird mit `ln -s` a `a1` eine symbolischer Link von *a1* auf *a* angelegt. Das Kommando `ls -i` zeigt uns zwei Inodes (141938 für *a*; 141939 für *a1*) an, während `ls -l` nun die Details zu den beiden Dateien zeigt.

Bei der Datei *a* handelt es sich um eine reguläre Datei, die nur vom Eigentümer pi beschrieben werden kann. Lesen kann hingegen jeder. Bei der Datei *a1* handelt es sich im einen symbolischen Link, der alle Zugriffsrechte erlaubt. Neben dem Dateinamen erscheint auch noch das Linkziel (a1 -> a).

Löscht man nun mit `rm` a die Datei *a* und damit das Linkziel, dann ist kein Aufruf von *a1* mehr möglich und das Kommando `cat` `a1` einen Fehler zur Folge haben.

4.8 Filesysteme

Der Zugriff auf Dateien in einem Computersystem erfolgt immer über den betreffenden Dateinamen. Zusätzlich werden Dateien durch bestimmte Attribute gekennzeichnet, die Informationen über die Datei selbst festhalten.

Da die Art der (physischen) Speicherung von Daten durch das betreffende Speichermedium definiert ist, gibt es unterschiedliche Dateisysteme (Filesysteme) für die verschiedenen Speichermedien, wie Harddisk, Flashmemory, CD, DVD u.a.m.

Im jeweiligen Dateisystem werden abstrakten Angaben (Dateiname, Attribute) in physische Adressen (Blocknummer, Spur, Sektor usw.) auf dem Speichermedium umgesetzt. In der Ebene darunter kommuniziert das Dateisystem mit dem jeweiligen Gerätetreiber und der Firmware des Speichersystems, welche noch zusätzliche Organisationsaufgaben, wie z. B. den Ersatz fehlerhafter Sektoren durch Reservesektoren erledigt.

Tabelle 3 zeigt einige in Linux-Systemen zum Einsatz kommende Filesysteme und deren Merkmale. [11] zeigt eine gute Übersicht zu Filesystemen, die vor allem für Embedded Systems wichtig sind.

Filesystem	Beschreibung
ext2	ext2 ist das Standard-Linux-Filesystem. Mittlerweile wird es zunehmend durch die ext3 und ext4 File Systeme verdrängt. Für USB und Solid State Disks hat es wegen der nicht vorhandenen Journalfunktion (das bedeutet weniger Lese- und Schreibzugriffe) immer noch Bedeutung
ext3	Bei ext3 wurde neu das Journaling eingeführt. Journaling Filesysteme sichern alle Änderungen vor dem eigentlichen Schreiben im sogenannten Journal, einem reservierten Speicherbereich. Damit kann zu jedem Zeitpunkt, ein konsistenter Zustand der Daten rekonstruiert werden, auch wenn ein Schreibvorgang abgebrochen wurde. Dem Datenverlust bei Systemabstürzen oder Stromausfällen kann somit begegnet werden. ext3 ist extrem ausgereift und kann als Standard betrachtet werden.
ext4	ext4 bringt hauptsächlich Verbesserungen bzgl. Geschwindigkeit und Skalierbarkeit gegenüber ext3. Dazu gehören u.a. mehr als 32000 Unterverzeichnisse pro Verzeichnis, Zeitstempel mit Nanosekunden-Auflösung, Prüfsummen für das Journal. Die Dateigrösse ist derzeit noch auf 16 TByte beschränkt. was mit der Speicherung von Blocknummern als 32-Bit-Zahl zu tun hat. Die Zeit für den Check des Filesystems konnte stark reduziert werden. Aufgrund der Kompatibilität kann man ext3-Filesysteme in ext4 umwandeln, ohne ein Backup mit Rücksicherung vornehmen zu müssen.
ReiserFS (Reiser3)	Vor ext3 war ReiserFS das einzige Journaling Filesystem. Beim Handling vieler kleiner Files ist ReiserFS gegenüber ext3 überlegen, hat allerdings Probleme mit Multi-Core Prozessoren.
Reiser4	Reiser4 soll die Probleme von ReiserFS beheben, hat aber noch nicht Einzug in den Mainline Kernel gefunden.
XFS	XFS zeigt viele neue Features und kann Filesysteme bis zu 8 ExaByte unterstützen. Seit 2001 wird XFS in verschiedenen Linux-Distributionen eingesetzt. Durch variable Blockgrössen kann das System optimiert werden.
JFFS2	JFFS2 (Journaling Flash File System, Version 2): weiterentwickelte Variante von JFFS, Unterstützung für NAND-Flash, Komprimierung etc.; entgegen dem Namen verwendet es kein Journaling
Yaffs2	YAFFS (Yet Another Flash File System): speziell für NAND-Flashspeicher

Tabelle 3   Linux-Filesystem (Auszug)

4.9   Filesystem Hierarchy Standard (FHS)

Der Filesystem Hierarchy Standard (FHS) ist eine Richtlinie für die Verzeichnisstruktur unter Unix-ähnlichen Betriebssystemen [12].

Der Standard richtet sich an Softwareentwickler, Systemintegratoren und Systemadministratoren. Er soll die Interoperabilität von Computerprogrammen fördern, indem er die Lage von Verzeichnissen und Dateien vorhersehbar macht.

Die Entwicklung dieser Richtlinie begann im August 1993 und war zunächst nur auf Linux bezogen. Seit Anfang 1995 trugen Entwickler von BSD dazu bei, einen umfassenden Standard für alle Unix-ähnlichen Systeme zu schaffen.

Tabelle 4 zeigt die übliche Verzeichnungsstruktur eine Linux-Systems. Die nicht zum Standard gehörenden Verzeichnisse sind grau hinterlegt.

Verzeichnis	Beschreibung
/bin	Enthält die wichtigsten Nutzer- und Administrator-Programme, die zur Systemwartung benötigt werden. Alle anderen Programme sollten in /usr/bin sein.
/boot	Enthält alle vom Bootloader für den Bootvorgang benötigten Dateien.
/cdrom	Nicht Teil des Standards, aber häufig der Mount-Point des CDROM-Laufwerks.
/dev	Enthält die Gerätedateien.
/etc	Parameterdateien, die den einzelnen Rechner beschreiben und konfigurieren; sozusagen seine Individualität ausmachen.
/floppy	Nicht Teil des Standards, aber häufig der Mount-Point des Disketten-Laufwerks.
/home	Enthält die lokalen Nutzerverzeichnisse (Home-Directories). Gilt häufig nicht für Rechner-Cluster mit verteilten Dateisystemen.
/lib	Wichtige System- und Kernel-Bibliotheken (vergleiche: /bin).
/lost+found	Nicht Teil des Standards, gehört zur internen Verwaltung des Dateisystems. Gibt es unter Linux nur auf ext[234] Filesystemen. In diesem Verzeichnis werden nach einem Filesystem-Check (Kommando fsck) vorher durch einen Crash beschädigte und nun wiederhergestellte Dateien abgelegt.
/mnt	Temporärer Mount-Point für Filesysteme.
/opt	Zusätzliche, optionale Software, wie beispielsweise NetScape, KDE und Gnome.
/proc	Nicht Teil des Standards. Virtuelles Dateisystem, in dem aus Pseudodateien Statusinformationen des Kernels gelesen werden können.
/root	Home-Directory des root-Users (Systemadministrator).
/sbin	Dienstprogramme für den Systemadministrator. Nicht Teil des allgemeinen Programmsuchpfads.
/tmp	Temporäre Dateien. Für jedermann beschreibbar.
/usr	Hier befindet sich (fast) die ganze installierte Software. Read-Only. In Prinzip in einer Kopie von mehreren Rechnern gleichzeitig nutzbar.
/var	Datenbereiche für veränderliche Daten: Mail, Drucker-Spool, Accounting, Logging...

Tabelle 4   Linux-Verzeichnisstruktur

4.10 Shell

In Abschnitt 4.1 hatten wir die Kommandozeile als User-Interface (CLI) zu unserem Linux-System kennengelernt. Über das CLI erreicht der Anwender eine sogenannte Shell (dt. Schale, Hülle), die den Anwender mit dem Betriebssystem verbindet und eingegebene Kommandos sowie Skripts interpretiert und ausführt.

Typisch für Linux ist, dass es nicht die Shell sondern verschiedene Shells gibt. Vom Sprachumfang her sind sie vergleichbar (aber nicht identisch) und als vollwertige Skriptsprachen zur Programmierung und zur Automatisierung von Aufgaben verwendbar. Die Shells stellen besondere Mittel für den interaktiven Dialog mit dem Anwender bereit, die vom Ausgeben eines Prompts im einfachsten Fall bis hin zur Möglichkeit des Editierens der eingegebenen Befehle oder zur Jobsteuerung reichen.

4.10.1 Shell Typen

Von den zahlreichen Shell Typen möchte ich hier drei anführen:

Bourne Shell	Die Bourne Shell war eine der verbreitetsten Shells in früheren UNIX/Linux-Versionen und wurde dadurch zum De-facto-Standard.
	Sie wurde von Stephen Bourne an den Bell Labs geschrieben und heute weist jedes UNIX/Linux-System mindestens eine zur Bourne Shell kompatible Shell auf.
	Der Programmname der Bourne Shell lautet *sh* und in der Regel ist sie unter */bin/sh* zu finden.
C Shell	Die C-Shell wurde durch Bill Joy für die Berkeley Software Distribution entwickelt. Ihre Syntax lehnt sich an die Programmiersprache C an.
	Die C-Shell ist primär für interaktive Terminalanwendungen gedacht und weniger zur Erstellung von Scripts bzw. zur Steuerung des Betriebssystems, obwohl sie dafür auch verwendbar ist.
	Die C-Shell hat sich praktisch nicht durchgesetzt, weil die Bourne Shell sowieso im System vorhanden ist und die system-intern genutzten Accounts "root", "daemon" usw. meist die einfache, weniger Speicher verbrauchende Bourne Shell benutzen.
Bash (Bourne-again Shell)	Bash ist eine freie Unix-Shell und Teil des GNU-Projekts. Sie ist heute auf vielen UNIX/Linux-Systemen die Standard-Shell.
	Bash wurde 1987 von Brian Fox geschrieben und 1990 von Chet Ramey übernommen. Version 4 erschien am 20. Februar 2009 und brachte einige Neuerungen mit sich.
	Bash ist weitgehend kompatibel zur Bourne-Shell (*sh*) und beherrscht zusätzlich die meisten Funktionen der Korn Shell (*ksh*) als auch Teile der C-Shell (*csh*)-Syntax.

Nach dem wir nun wissen, dass es unterschiedliche Shells gibt, ist es sicher von Interesse, was unser Raspberry Pi unter Raspbian hier für uns bereithält.

Im System sind zahlreiche Einstellungen in sogenannten Umgebungs-Variablen (Environment-Variable) gespeichert. Will man sich über die Umgebungsvariablen einen Eindruck verschaffen, dann erreicht man über die folgende Eingabe die betreffenden Informationen:

```
$ printenv
```

Das Ergebnis dieses Kommandos ist eine recht umfangreiche Liste von Variablen, die auch die Variable SHELL enthält.

Durch Abfrage der Variablen SHELL teilt uns das Betriebssystem mit, welche der Shells aktiv ist. Abbildung 4 zeigt die Abfrage der Shell.

Abbildung 4   Abfrage der Shell

In unserem Fall ist also die *Bash* aktiv.

4.10.2 Shell Scripts

Shell Scripts sind einfache, ausführbare Textfiles. Zur besseren Identifizierung werden Shell Scripts sinnvollerweise mit der Dateinamenserweiterung (File Extension) „.sh" versehen. In Shell Scripts ist eine Folge von Kommandos aufgelistet ist, die beim Start des betreffenden Scripts von der Shell der Reihe nach abgearbeitet werden.

Das Beispiel *hello.sh* soll die grundsätzliche Vorgehensweise beim Erstellen eines Shell Scripts verdeutlichen:

- `touch hello.sh` erzeugt die (noch leere) Datei *hello.sh*

- `nano hello.sh` öffnet die Datei *hello.sh* im Editor *nano*, damit das gewünschte Shell Script erzeugt werden kann. Es kann natürlich jeder andere Editor verwendet werden.

- `chmod 744 hello.sh` macht den Script für den Eigentümer ausführbar

- `sh hello.sh` oder `./hello.sh` starten den erzeugten Script

Die hier angegebenen Schritte können im in Abbildung 5 gezeigten Screenshot nachvollzogen werden. Nach dem Erstellen des Scripts im Editor folgt eine Ausgabe des Textes mit `cat hello.sh`, um das erzeugte Skript hier sichtbar zu machen.

In der ersten Zeile des Scripts fällt das sogenannte „Shebang" auf. Diese Zeile weist das Betriebssystem an, dieses Script mit der Bourne-Shell *sh* auszuführen.

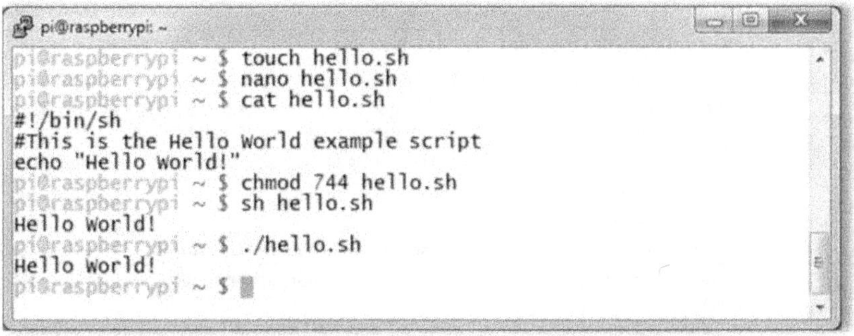

Abbildung 5   Shell Script erstellen

Zur Vertiefung der Kenntnisse über die Shell Programmierung muss auf die weiterführende Literatur [43][44][45] verwiesen werden. Die später gezeigten Shell Scripts bedürfen aber dieser Vertiefung nicht.

4.11 Daemons

Als Daemons bezeichnet man Hintergrundprogramme, welche ohne direkte Benutzerinteraktion bestimmt Dienste zur Verfügung stellen und damit in der Lage sind, wiederkehrende Aufgaben zu automatisieren.

Die aus [13] abgeleitete Tabelle 5 zeigt einige Daemons unter Linux. Mindestens mit *cron* werden wir uns noch befassen.

Daemon	Interaktion
cron	Startet andere Programme zu festgelegten Zeiten.
atd	Startet Programme nach einer festgelegten Zeitspanne.
syslogd	nimmt Meldungen von Programmen entgegen und schreibt diese in Dateien oder leitet sie an einen anderen syslogd (z. B. auf einem zentralen Logserver) weiter.
sendmail	Ein Mail Transfer Agent, der per SMTP eMails über das Netzwerk entgegen nimmt
lpd	nimmt eingehende Daten entgegen, um sie auf einem angeschlossenen Drucker auszudrucken
cupsd	Im Vergleich zu lpd ein leistungsstarker Druckerserver auf Unix-Systemen
httpd	Ein httpd ist ein Synonym für einen Webserver, der auf Anfragen im HTTP-Protokoll antwortet
inetd	Der Internetdaemon kann auf mehreren TCP-Ports Verbindungen entgegen nehmen und an spezielle Programme weitergeben, die erst bei Verbindungsaufbau gestartet werden, um Ressourcen zu schonen
udev	Daemon zum dynamischen Erzeugen von Gerätedateien unter Linux.

Tabelle 5   Daemons unter Linux

5. Linux-PC

Wer sich mit Linux auf einem Embedded System befasst, wird es schätzen, alternativ einen Linux-PC zur Verfügung zu haben.

Das Embedded System birgt wegen der speziellen Hardware noch zusätzliche Unsicherheiten und Fehlermöglichkeiten. Alle Aktivitäten ohne direkten Hardwarebezug laufen auf dem Linux-PC identisch zum Embedded System ab, weshalb zumindest diese Anteile auf dem Linux-PC testbar sind.

Um sich mit Linux auf einem Windows-PC vertraut zu machen, kann man sich einen bootfähigen USB-Stick erstellen, mit dem auf dem Windows-PC gearbeitet werden kann, ohne die Windows-Installation in irgendeiner Weise zu beeinflussen.

Folgende Vorteile bietet ein solcher Linux-USB-Stick

- transportables Betriebssystem

- PC bootet Linux vom USB-Stick

- installiertes Betriebssystem wird nicht verändert

- Veränderungen am System werden auf dem USB-Stick gespeichert (Persistenz)

Um Linux auf einem USB-Stick zu installieren, ist ein USB-Stick mit mindestens 2 GB freiem Speicherplatz erforderlich. Am Einfachsten ist die Installation mit einem USB-Installationsprogramm, welche es auf den Webseiten der zahlreichen Linux-Distributionen gibt.

Von der Website http://www.linuxusbstick.de können Installationsprogramme heruntergeladen werden, die ein Linux-Image auf einen USB-Stick installieren.

Hier soll die Installation von Ubuntu, einer weit verbreiteten Linux-Distribution, beschrieben werden. Unter http://wiki.ubuntuusers.de/Einsteiger gibt es eine Einführung für Einsteiger und Umsteiger zu Linux.

Abbildung 6 zeigt den Aufruf des Ubuntu Installationsprogramms. Die Lizenzbedingungen muss man für die nachfolgende Installation akzeptieren.

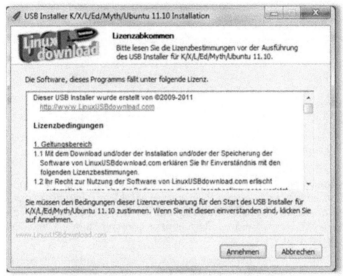

Abbildung 6   Aufruf des USB Installers

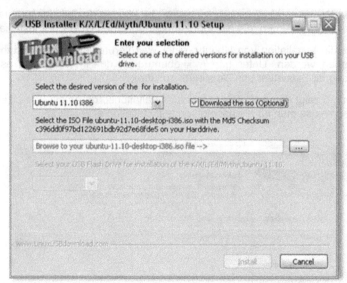

Abbildung 7   Auswahl eines ISO-Images zum Download

Gemäß Abbildung 7 kann die zum betreffenden Prozessor passende Linux-Distribution ausgewählt werden. Die ausgewählte Datei *ubuntu-11.10-desktop-i386.iso* umfasst immerhin 711980 KB und der Download nimmt einige Zeit in Anspruch. Nach Download und Zwischenspeicherung kann die Installation vorgenommen werden.

Hier zeigt Abbildung 8 die Selektion der heruntergeladenen Datei und des Ziellaufwerks, welches mit dem USB-Stick verknüpft ist. Um Systemänderung persistent speichern zu können, wird außerdem die Größe für eine entsprechende Datei angegeben.

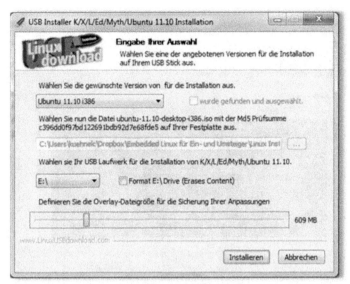

Abbildung 8   Installation des ISO-Images auf den USB-Stick

Nach der in Abbildung 9 gezeigt Sicherheitsabfrage, die ein letztes Mal auf die geplanten Änderungen hinweist, kann die Installation des ISO-Images auf dem USB-Stick erfolgen (Abbildung 10).

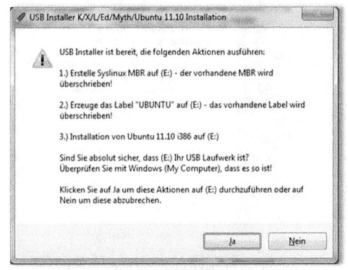

Abbildung 9   Sicherheitsabfrage

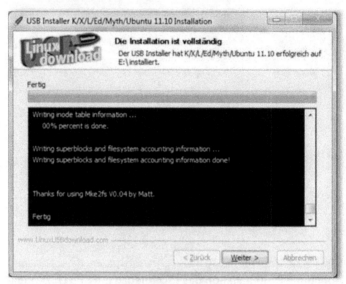

Abbildung 10   Installation des ISO-Images auf dem USB-Stick

Den Abschluss der Installation zeigt schließlich Abbildung 11.

Abbildung 11   Installation ist fertig gestellt

Der so präparierte USB-Stick kann nun in einem Windows-PC eingesetzt werden, ohne die Windows-Installation in irgendeiner Weise zu beeinflussen.

Bedingung ist, dass der Windows-PC vom USB-Stick bootfähig ist, was aber im BIOS Setup eingestellt werden kann.

Das Linux-System kann vom USB-Stick als Live-System laufen oder aber als alternatives Betriebssystem zum bestehenden Windows-Betriebssystem installiert werden (Dual-Boot). Zu Beginn des PC-Bootprozesses wird man dann gefragt, welches der beiden Betriebssysteme gebootet werden soll.

Wenn man das bestehende System nicht beeinflussen möchte, dann verwendet man den Testmode bei dem das Linux-System keine Veränderung am bestehenden Windows-PC vornimmt, sondern komplett vom USB-Stick gestartet wird.

Abbildung 12 zeigt den Desktop der in der beschriebenen Weise installierten Ubuntu-Distribution auf einem sehr preiswerten ITX-220 von Asus, wie es ihn bei Pollin schon für weniger als € 40,00 zu kaufen gibt [14].

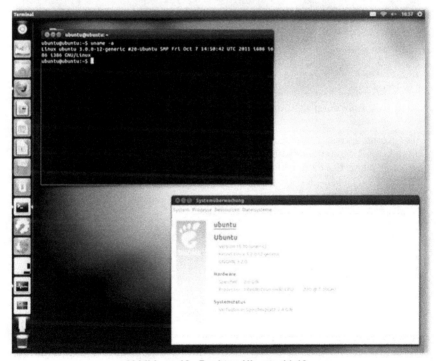

Abbildung 12   Desktop Ubuntu 11.10

Abbildung 13 zeigt das Command Line Interface (CLI) im Terminal Window, welches für unsere Betrachtungen im Zusammenhang mit Embedded Systems wichtiger als der Desktop selbst ist. Im Embedded System werden wir in der Regel ebenfalls vom CLI Gebrauch machen.

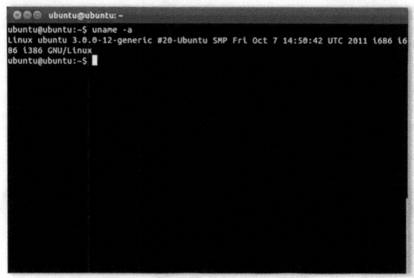

Abbildung 13   Command Line Interface im Terminal Window

Alle Kommandos ohne konkreten Hardwarebezug können in dieser PC-Umgebung also genauso wie auf einem Embedded System ausgeführt werden. So kann diese PC-Installation im Zweifelsfall immer als experimentelles Umfeld dienen, bevor man einen Fehler in den hardwarespezifischen Softwarekomponenten suchen muss.

6. Raspberry Pi Betriebssystem

Mit Vertriebsbeginn des Raspberry Pi Boards standen auch bereits mehrere Betriebssystemvarianten für den Einsatz auf dem Raspberry Pi zur Verfügung. Eine Übersicht zu den verschiedenen Distributionen einschließlich ihrer spezifischen Merkmale ist unter [15] zu finden. Downloads von SD-Card Images verschiedener Distributionen können über [16] vorgenommen werden.

Von der Raspberry Pi Foundation empfohlen wird das *Raspbian* Image (Raspberry Pi + Debian = Raspbian), eine für den Raspberry Pi optimierte Version von Debian 7 "Wheezy". *Raspbian*, ist derzeit die einzige Distribution, die die interne Hardware Floating Point Unit des ARM11 Prozessors nutzt (armhf).

Das kompakte *Arch Linux ARM* Image beinhaltet nur einen minimalen Satz an installierten Paketen. Mit Hilfe des Paketmanagers *pacman* können aber benötigte Softwarepakete nachinstalliert werden.

Vom QtonPi-Projekt wird die *QtonPi* Distribution zur Verfügung gestellt, die hauptsächlich zur Weiterentwicklung und Optimierung von *Qt5* auf dem Raspberry Pi dient.

Von Adafruit wird mit *Occidentalis* v0.2 eine Raspberry Pi Linux-Distribution zur Verfügung gestellt, die speziell für die Auseinandersetzung mit der Hardware geeignet ist. Unterstützt werden SPI, I²C, & 1-Wire WiFi. Außerdem ist bereits ein SSH Server (mit Key Generation beim ersten Booten) und Bonjour (zum einfachen SSH Zugriff aus dem lokalen Netzwerk, "zero-configuration networking") installiert. Occidentalis v0.2.ist abgeleitet von Raspbian Wheezy und kann von [17] heruntergeladen werden.

Raspbmc (http://www.raspbmc.com/) ist eine auf Debian aufbauende Linux-Distribution, welche den XBMC Mediaplayer auf dem Raspberry Pi zur Verfügung stellt.

Das Open Embedded Linux Entertainment Center (*OpenELEC*) verfolgt das gleiche Ziel [http://www.openelec.tv/]

Für alle, die sich mit digitalen Medien auf dem Raspberry Pi auseinandersetzen wollen, bilden die letzten beiden Distributionen einen Einstieg in das Thema Mediaplayer bzw. Home-Theater.

Hier liegt aber der Schwerpunkt beim Einsatz des Raspberry Pi zu Automatisierungszwecken, weshalb die *Raspbian* Distribution im Vordergrund steht.

6.1 Vorbereitung der SD-Card

Der einfachste Weg, um eine bootsfähige SD-Card zur Verfügung zu haben, ist der Bezug einer SD-Card mit vorinstalliertem Linux-Image von einem der Distributoren.

Die SD-Card kann aber auch selbst mit einem gewünschten Linux-Image versehen werden. Um das gewünschte Image auf eine SD-Card schreiben zu können, bedarf es eines Installationsprogramms.

Nutzt man einen Linux-Rechner, dann ist das UNIX Programm *dd* zu verwenden, bei einem Windows-Rechner hingegen das Programm *Win32DiskImager*, um das extrahierte Image auf die SD-Card zu schreiben. Die SD-Card Images sind meistens für eine 2 GB SD-Card ausgelegt, empfohlen werden aber 4 GB. Bei einer größeren SD-Card, kann der verbleibende Speicherbereich für das Flash-Filesystem verwendet werden.

Bei den folgenden Vorbereitungen gehe ich davon aus, dass der zentrale PC im Netzwerk gemäß Abbildung 35 ein Windows-PC ist. Es ist dabei unerheblich, ob es sich um Windows XP, Vista oder Windows 7/8 handelt.

Mit den folgenden Schritten wird das Raspbian Image auf der SD Card installiert:

- Abruf des Raspbian "Wheezy" Images über die Webseite http://www.raspberrypi.org/downloads. Es ist etwas Geduld erforderlich, denn das ZIP Archiv umfasst immerhin ca. 439 MB.

- Extrahieren des Imagefiles *2013-02-09-wheezy-raspbian.img* aus dem Archive *2013-02-09-wheezy-raspbian.zip* (Stand April 2013)

- Nun kann eine SD Card mit mindestens 2 GB (besser 4 GB) in den SD Card Reader eingeschoben werden. Im Windows Explorer kann man sehen, welchem Laufwerk diese SD Card zugeordnet wird.

- Zum Speichern des Imagefiles auf die SD Card ist bei Verwendung des Windows-PCs das Programm *Win32DiskImager* zu verwenden, bei einem Linux-PC hingegen das Tool *dd*. Aufgabe beider Programme ist nicht nur das Kopieren der betreffenden Dateien, sondern die Einrichtung der SD Card komplett.

- Das Programm *Win32DiskImager* kann bspw. von der Webseite https://wiki.ubuntu.com/Win32DiskImager heruntergeladen und anschließend extrahiert werden.

- Nach dem Start von *Win32DiskImager* kann das Imagefile *2013-02-09-wheezy-raspbian.img* selektiert und extrahiert werden. Der Vergleich des ermittelten MD5 Hash Wertes mit dem des Archivs zeigt an, ob das Imagefile unversehrt ist.

- Nach Selektion des Laufwerks, welches mit der SD Card verknüpft ist, kann das Imagefile auf die SD Card geschrieben werden. Bei der Auswahl des Laufwerks ist Sorgfalt vonnöten, denn bei fehlerhafter Auswahl beschreibt man nicht die SD Card, sondern zerstört durch Überschreiben Daten in seinem System.

- Nach Abschluss des Schreibvorgangs kann das Programm verlassen und die SD Card dem Reader entnommen werden. Schaut man sich nach dem Schreibvorgang das Ergebnis auf der SD Card an, dann sieht man nur die von Windows lesbare Partition mit etwa 75 MB. Der Rest der SD Card, der auch das eigentliche Image enthält, kann von Windows nicht gelesen werden.

Nun kann die vorbereitete SD Card in den Sockel des Raspberry Pi eingesetzt werden.

Die hier beschriebene Installation der Raspbian Distribution hat Beispielcharakter. Für andere Distributionen erfolgt die Installation auf der SD-Card vergleichsweise.

Gerade beim Experimentieren ist es wünschenswert, mit unterschiedlichen Linux-Distributionen auf dem Raspberry Pi zu arbeiten. Das kann man zum einen mit einem vorbereiteten Set an SD-Cards, die dann nach Bedarf gewechselt werden, oder man nutzt einen Bootloader wie *BerryBoot*.

BerryBoot ist ein Bootloader für den Raspberry Pi, mit dem mehrere Betriebssysteme gleichzeitig auf einer SD-Karte installieren werden können. Beim Booten des Raspberry Pi hat man bei *BerryBoot* dann die Möglichkeit, die zu startende Distribution auszuwählen.

Jan Karres erklärt auf seiner Website http://jankarres.de/2013/01/raspberry-pi-bootloader-berryboot-installieren/, wie man *BerryBoot* installiert und über dieses Betriebssysteme installiert.

6.2   Raspberry Pi Bootprozess

Mit Installation der SD Card und Zuschalten der Betriebsspannung startet der Bootprozess. Der Raspberry Pi benötigt mehrere zum Teil proprietäre Software-Komponenten auf einer FAT-Partition, welche sich auf der eingesetzten SD Card befindet. Das Linux-System wird dann von einer ext3/ext4-Partition geladen, welche sich ebenfalls auf der SD-Karte befindet.

Der Bootprozess verläuft mehrstufig und ist recht komplex. Er ist unter [18] beschrieben.

Abgeschlossen wird der Bootprozess durch das Login. Raspbian hat die folgenden Defaultwerte für das Login:

```
User:       pi
Password:   raspberry
```

Im Auslieferungszustand kann unser Raspberry Pi seine englische Herkunft noch nicht verschweigen und ist auf eine englische Tastatur eingestellt. Also muss man in diesem Fall `raspberrz` eingeben und der Raspberry Pi sollte sich mit seinem Prompt melden.

Beim ersten Booten wird automatisch das Konfigurationstool *raspi-config* aufgerufen, mit dem man recht komfortabel die Systemeinstellungen verändern kann, ohne die Konfigurationsdateien *config.txt* und *cmdline.txt*, mit einem Editor bearbeiten zu müssen.

Das Konfigurationstool *raspi-config* kann auch zu einem späteren Zeitpunkt wieder aufgerufen werden, wenn es erforderlich ist, die Systemkonfiguration anzupassen.

6.3   Konfigurationstool *raspi-config*

Das Konfigurationstool *raspi-config* wird von der Kommandozeile aus gestartet, die uns nach Start eines Terminals zur Verfügung steht. Der Aufruf erfolgt in der Form:

```
pi@raspberrypi ~ $ sudo raspi-config
```

Das Programm kann nur mit Admin Rechten ausgeführt werden, weshalb dem Kommando `raspi-config` das Kommando `sudo` vorangestellt werden muss.

Anstelle des kompletten Prompts `pi@raspberrypi ~ $` werden wir in der Folge nur noch das $ darstellen.

Abbildung 14 zeigt das sich öffnende Fenster mit den zur Verfügung stehenden Optionen, die wir zur Konfiguration unseres Systems nacheinander durchgehen.

Abbildung 14   *Raspi-config* Eröffnungsfenster

Durch Auswahl des ersten Eintrags werden die in Abbildung 15 dargestellten Informationen zum Tool selbst ausgegeben.

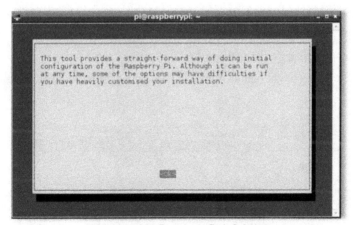

Abbildung 15   *Raspi-config* Infofenster

Das Raspbian Image umfasst knapp 2 GB. Arbeitet man mit SD Cards grösserer Kapazität, dann kann die Root Partition durch Selektion des Menueintrags „expand_rootfs" an die Grösse der SD Cards anpassen. Abbildung 16 zeigt das Ergebnis dieser Anpassung. Damit die vergrösserte Root-Partition wirksam wird, bedarf es eines Neustarts.

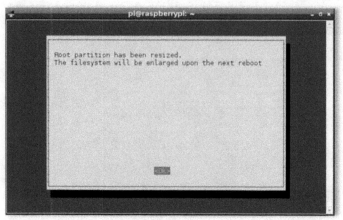

Abbildung 16 *Raspi-config* Anpassung der Root-Partition

Einen wichtigen Punkt hatten wir beim Login schon erkennen müssen. Wenn wir nicht mit einer englischen Tastatur arbeiten, dann werden unsere gesendeten Zeichen anders interpretiert, als es von uns gewünscht ist.

Also werden wir durch Aufruf des vierten Eintrags dem Betriebssystem die zukünftig verwendete Tastatur mitteilen. Im ersten Schritt werden wir dem System den eingesetzten Tastaturtyp mitteilen. Hier wurde eine generische Tastatur mit 105 Tasten vorgegeben (Abbildung 17).

Im zweiten Schritt folgt gemäß Abbildung 18 die Konfiguration des Tastaturlayouts.

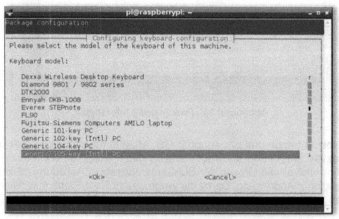

Abbildung 17 *Raspi-config* Keyboard Konfiguration

Abbildung 18 *Raspi-config* Konfiguration des Tastaturlayouts

Locale bezeichnet einen Einstellungssatz, der die Gebietsschemaparameter für Computerprogramme enthält. In erster Linie sind das die Sprache der Benutzeroberfläche, sowie Land, Zeichensatz, Tastaturlayout, Zahlen-, Währungs-, Datums- und Zeitformaten.

Locale werden mit einer Kennzeichnung aus Sprache und Land versehen (z. B. de_DE für Deutsch/Deutschland).

Zusätzlich gibt es Kennzeichner für spezielle Eigenschaften, wie die Zeichenkodierung (z. B. die Verwendung von UTF-8 oder ISO 8859-15 mit dem Eurozeichen (de_DE@utf-8 und de_DE@euro). Abbildung 19 zeigt die hier auszuwählenden Einstellungen.

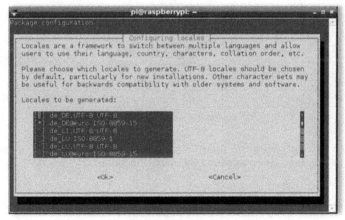

Abbildung 19 *Raspi-config* Konfiguration Locales

47

Zur Auswahl der Zeitzone bekommt man ein ausreichendes Angebot an Städten, aus dem man gemäß Abbildung 20 eine zur Zeitzone passende Stadt auswählt.

Abbildung 20 *Raspi-config* Konfiguration Zeitzone

Den Raspberry Pi Model B gibt es mit zwei unterschiedlichen Ausstattungen an RAM. Ursprünglich war Model B mit 256 MB ausgestattet, während neue Boards 512 MB RAM aufweisen. Dieser Speicher kann nun zwischen CPU und GPU unterschiedlich aufgeteilt werden.

Tabelle 6 zeigt eine RAM Zuordnung, wie sie im Raspberry Pi Forum diskutiert wurde. Am besten ist es aber, die optimale Zuordnung des Speichers zu CPU und GPU experimentell für die jeweilige Anwendung zu ermitteln.

GPU Memory	CPU Memory	System
16 MB	240 MB	Minimale Grafikleistung, nur Rendering des Bildschirminhalts
32 MB	224 MB	Linux-Desktop Distribution ohne Video bzw. 3D-Rendering
64 MB	192 MB	Linux-Desktop Distribution mit Video bzw. 3D-Effekten
128 MB	128 MB	Anwendungen oder Spiele mit Multimedia und 3D-Rendering

Tabelle 6   RAM Verteilung beim Raspberry Pi mit 256 MB

Abbildung 21 zeigt, wie diese Aufteilung nach Selektion des Menueintrags „memory_split" vorgenommen werden kann (Eingabe hier 32).

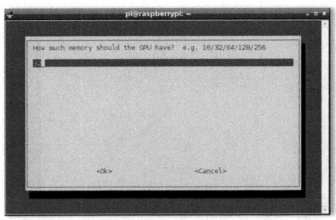

Abbildung 21 *Raspi-config* **Memory Split**

Der nächste Menueintrag widmet sich dem Overclocking. Als Overclocking wird das Betreiben einer CPU mit einem den Grenzwert der Taktfrequenz übersteigendem Wert bezeichnet. Mit dem Overclocking geht auch ein Overvoltage, d.h. ein Betreiben der CPU mit einer höheren Betriebsspannung, einher. Beide Methoden dienen der Leistungssteigerung reduzieren aber oft die Lebensdauer eines derart betriebenen Bauelements.

In der CPU ist ein sogenanntes Sticky-Bit vorhanden, welches Overclocking bzw. Overvoltage registriert.

Mittlerweile gibt es ausreichend Erfahrungen mit dem Overclocking der Raspberry Pi CPU und in der aktuellen Raspbian Distribution ist diese Option zur Performancesteigerung selektierbar.

Will man von dieser Option Gebrauch machen, dann wählt man den Menueintrag „overclock" aus und erhält erst mal einen Hinweis gemäss Abbildung 22 bevor eine Einstellung gemäss Abbildung 23 vorgenommen werden kann.

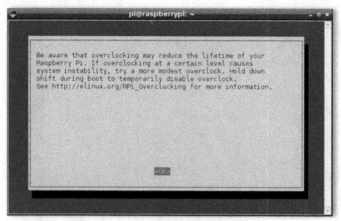

Abbildung 22 *Raspi-config* Overclocking Hinweis

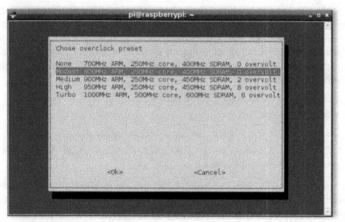

Abbildung 23 *Raspi-config* Overclocking Einstellung

Die durch die Konfiguration einstellbaren Frequenzen für den ARM, die GPU (core) und das SDRAM sind aus Abbildung 23 ersichtlich. Bei Overvoltage (Überspannung) wird in Schritten von 0,025 V gerechnet. Die Nominalspannung für den ARM, die GPU (core) und das SDRAM beträgt 1,2 V. Für die Medium Einstellung wir die Spannung auf 1,25 V erhöht, während die Spannungen für die High und Turbo Einstellungen sogar auf 1,35 V erhöht werden. Durch eine interne Temperaturmessung wird die thermische Belastung des Raspberry Pi überwacht. Beim Erreichen des Temperaturlimits von 85°C werden Overclocking und Overvoltage auf die None Einstellung zurückgesetzt wodurch eine thermische Überlastung des Raspberry Pi verhindert werden soll.

Das SSH (Secure-Shell-Protokoll) bietet die Möglichkeit, eine sichere Verbindung zum Datenaustausch zwischen zwei Rechnern zu installieren.

Der erforderliche SSH Server ist in der Raspbian Distribution bereits enthalten, muss aber noch aktiviert (enabled) werden. Im *raspi-config* Tool ist dafür ein separater Menüpunkt reserviert, wo der SSH Server aktiviert resp. deaktiviert werden kann (Abbildung 24).

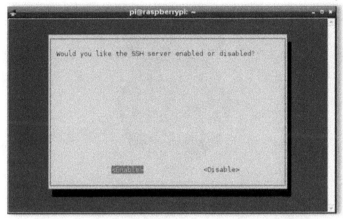

Abbildung 24 *Raspi-config* **Aktivieren des SSH Servers**

Will man am Ende des Bootprozesses den LXDE Desktop starten oder im Terminalmode bleiben, dann teilt man das über die Auswahl des Eintrags Boot-Behaviour (Bootverhalten) gemäß Abbildung 25 mit.

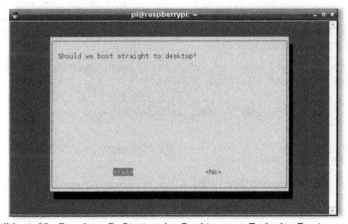

Abbildung 25 *Raspi-config* **Starten des Desktops am Ende des Bootprozesses**

Hat man sich bei der Konfiguration für das Starten des LXDE Desktops am Ende des Bootvorgangs entschieden, dann erscheint nach einem Reboot am Ende der LXDE Desktop wie in Abbildung 26 dargestellt.

Abbildung 26   LXDE Desktop

6.4   Update Upgrade

Ist das Linux-Image installiert und mit Hilfe von *raspi-config* konfiguriert, dann sollte man das System auf den neuesten Stand bringen. Dieser Vorgang kann in gewissen Zeitabständen wiederholt werden, um das System auch immer auf dem neusten Stand zu halten.

Der folgende Aufruf genügt, um das System durch Download der aktuellen Komponenten aus dem Internet zu aktualisieren:

```
$ sudo apt-get update && sudo apt-get upgrade
```

Der Paketmanager APT, zu dem das Kommando `apt-get` gehört, wird im Abschnitt 6.5.2 noch näher betrachtet.

Nach der Installation des Imagefiles *2012-12-16-wheezy-raspbian.img* wurden immerhin 103 MB nachgeladen und die anschliessende Installation der Pakete erforderte ein rechtes Mass an Geduld.

6.5 Raspberry Pi Applikationen

6.5.1 Installierte Applikationen

Einen ersten Eindruck der verfügbaren Software-Pakete scheint man über den LXDE Desktop zu bekommen (Abbildung 26). Dieser Eindruck täuscht allerdings gewaltig, denn nicht jede installierte Applikation ist am Desktop ersichtlich. Abhilfe schafft hier das Starten einer Terminalsession durch Aufruf von *LXTerminal*. Nun kann über die Kommandozeile das Kommando

```
pi@raspberrypi:~$ dpkg -l
```

eingegeben werden, um Informationen über alle auf dem System installierten Pakete auszugeben. Es folgt eine lange Liste von Paketen, die im Anhang (Abschnitt 17.4) etwas aufbereitet zu finden ist.

Will man seinen Raspberry Pi für eine bestimmte Aufgabe einrichten, dann kann man nicht benötigte Pakete deinstallieren und fehlende Pakete nachinstallieren, wie der folgende Abschnitt zeigt.

6.5.2 Installation & Deinstallation von Software-Paketen

Hin und wieder ist es erforderlich, dass man das bestehende System aktualisiert oder neue Softwarepakete installieren möchte. Hierzu steht unter Debian, der Basis für die Distributionen *Raspbian* und *Occidentalis*, der Paketmanager *APT* zur Verfügung.

Eine detaillierte Erläuterung ist im (deutschsprachigen) APT Howto [19] zu finden. Hier sollen nur die wichtigsten Kommandos, wie wir sie auch benutzen, knapp erläutert werden (Tabelle 7).

APT Kommando	Bedeutung
apt-get update	Neueinlesen der Paketlisten
apt-get upgrade	Upgrade installierter Pakete (wenn erforderlich)
apt-get install PAKET	Installation von PAKET
apt-get remove PAKET	Deinstallation von PAKET
apt-get autoremove [PAKET]	Deinstallation ungenutzter Abhängigkeiten [inkl. PAKET]

Tabelle 7   APT Kommandos (Auswahl)

Das Debian Software Archiv enthält zahllose Software-Pakete, die ein breites Spektrum von Applikationen abdecken [20]. Nicht jedes Paket ist zur Installation auf einem Raspberry Pi geeignet. Am Ende der zum betreffenden Software-Paket gehörenden Webseite sind die unterstützten Architekturen jeweils gelistet.

Am Beispiel des Pakets *cppcheck*, einem Tool für die statische C/C++ Code-analyse, soll das hier verdeutlicht werden.

Alle das Paket *cppcheck* betreffenden Informationen können der zugehörigen Webseite [21] entnommen werden. Dort ist auch die folgende Tabelle zu finden, die die unterstützten Architekturen ausweist. Damit ein Paket auf dem Raspberry Pi lauffähig ist, muss die Architektur armel unterstützt sein (hier dunkel unterlegt).

Architektur	Paketgröße	Größe (installiert)	Dateien
amd64	461,3 kB	928,0 kB	[Liste der Dateien]
armel	448,7 kB	884,0 kB	[Liste der Dateien]
i386	461,8 kB	928,0 kB	[Liste der Dateien]
ia64	626,0 kB	1.808,0 kB	[Liste der Dateien]
kfreebsd-amd64	461,3 kB	908,0 kB	[Liste der Dateien]
kfreebsd-i386	461,6 kB	908,0 kB	[Liste der Dateien]
mips	466,0 kB	1.244,0 kB	[Liste der Dateien]
mipsel	464,2 kB	1.244,0 kB	[Liste der Dateien]
powerpc	481,2 kB	992,0 kB	[Liste der Dateien]
s390	450,5 kB	924,0 kB	[Liste der Dateien]
sparc	456,5 kB	952,0 kB	[Liste der Dateien]

Tabelle 8   Unterstütze Architekturen

Zur Installation von Software-Paketen wird man *APT* (Advanced Package Tool) einsetzen [22]. *APT* ist ein Paketmanagement-System, das im Bereich der Debian Distribution entstanden ist.

Mittels *APT* ist es sehr einfach, Programmpakete zu suchen, zu installieren, zu deinstallieren oder auch das ganze System einem Update zu unterziehen.

Als Superuser kann das Paket *cppcheck* beispielsweise durch die folgende Eingabe über die Kommandozeile installiert werden:

```
$ sudo apt-get install cppcheck
```

Das Kommando `install` lädt das Paket (bzw. die Pakete) inklusive der noch nicht installierten Abhängigkeiten herunter und installiert diese.

Eine Deinstallation kann später folgendermaßen vorgenommen werden:

```
$ sudo apt-get remove cppcheck
```

Die Verwendung eines Tools zum Paketmanagement berücksichtigt alle Abhängigkeiten von Software-Paketen untereinander und sichert damit weitgehend die Konsistenz der jeweiligen Installation.

6.6 Programmentwicklung auf dem Raspberry Pi

Wie schon in Abschnitt 3 gezeigt beinhalten Linux-Distributionen die GNU Compiler Collection (GCC) und eine Reihe weiterer Entwicklungswerkzeuge. Unsere Raspberry Pi Distributionen machen da keine Ausnahme. In diesem Abschnitt wollen wir deshalb die Programmentwicklung auf dem Target selbst, das ist hier unser Raspberry Pi, betrachten.

6.6.1 Editoren

Für das Erstellen der Quelltexte verwenden wir einen Editor. Der LXDE Desktop hält den Editor *Leafpad* bereit, mit dem recht komfortabel auf dem Raspberry Pi gearbeitet werden kann. Abbildung 27 zeigt den Editor *Leafpad*.

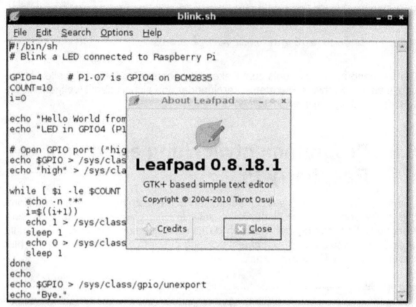

Abbildung 27 Editor *Leafpad*

Bevorzugt man das Arbeiten über das CLI, dann kann der Editor *nano* gute Dienste leisten (Abbildung 28).

Die Tipparbeit wird durch das Syntax Highlighting (farbige Markierung der verschiedenen Syntaxelemente) gut unterstützt und hilft bei der Suche nach Tippfehlern enorm.

Abbildung 28   Editor *nano*

Geany ist nicht nur ein Texteditor sondern eine kleine und schnelle integrierte Entwicklungsumgebung (IDE) gleichermassen. *Geany* basiert auf dem GTK+-Toolkit und ist aber in der Raspbian Distribution noch nicht enthalten.

Unter http://de.wikipedia.org/wiki/Geany sind die wesentlichen Merkmale zusammengefasst, wovon hier einige herausgestellt werden:

- Alle hier betrachteten Dateitypen (Shell Script, C/C++, Python, Lua) werden unterstützt (insgesamt sind es über 40 unterstützte Dateitypen)
- automatische Codevervollständigung, Syntaxhervorhebung und Formatierung
- Terminalemulation
- Einbindung eines Compilers
- Unterstützung des Projektmanagements

Die Installation von *Geany* erfolgt vom Terminal aus durch

```
$ sudo apt-get install geany
```

Hat man sich mit *Geany* erst einmal vertraut gemacht, dann wird man den Komfort sehr schnell schätzen lernen.

Abbildung 29 zeigt den Quelltext *hello.c* im Editorfenster von *Geany* mit einem automatisch eingefügten GPL-Header sowie etwas Quelltext mit (farbiger) Syntaxhervorhebung.

Abbildung 29 *Geany* Editorfenster

Dass *Geany* mehr als ein Editor ist zeigen uns Abbildung 30 und Abbildung 31.

In Abbildung 30 ist zu sehen, wie der Compiler *GCC*, *Make* und das Kommando zum Ausführen der erzeugten Datei dem Projekt zugeordnet werden.

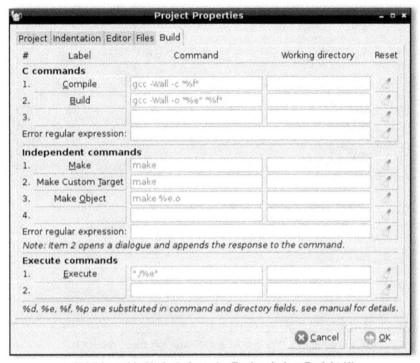

Abbildung 30 Verknüpfung der Tools mit dem Projekt (1)

Abbildung 31 zeigt noch die Verknüpfung des Terminalprogramms, des Webbrowsers sowie von *Grep* mit dem Projekt, so dass alle Funktionen für den Test des erzeugten Programms aus *Geany* heraus erreichbar sind.

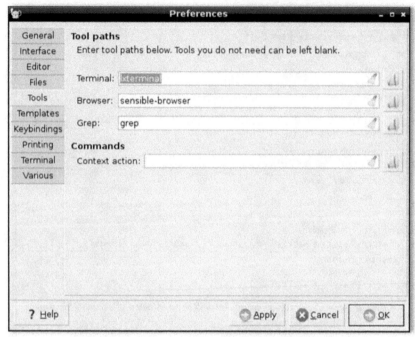

Abbildung 31   Verknüpfung der Tools mit dem Projekt (2)

Durch den Aufruf von Build (F9) wird der Quelltext *hello.c* mit Hilfe von GCC compiliert. Die Ausgaben des Compilers waren in Abbildung 29 bereits zu sehen. Der Compilerlauf war fehlerfrei, so dass das erzeugte Programm auch ausgeführt werden kann (F5).

Nach dem Aufruf von Execute (F5) öffnet sich das Terminalfenster und die Ausgabe des Programms *hello* wird sichtbar. Von *Geany* wird automatisch vor dem Programmende ein Stopp eingefügt, da sich anderenfalls das Terminalfenster sofort wieder schliessen würde.

Zu Vergleich kann der interessierte Leser das Programm *hello* auch in einem separat geöffneten Terminalfenster durch Eingabe von

```
$ ./hello
```

starten. Da wird im Terminal dann erwartungsgemäss nach dem Programmende gleich der Prompt erscheinen und es wird auf die Eingabe eines neuen Kommandos gewartet.

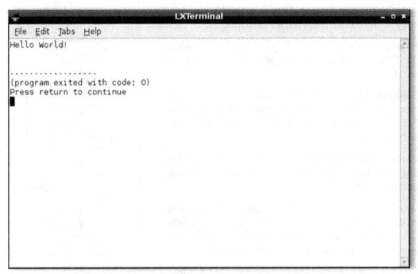

Abbildung 32   Terminalausgabe Programmbeispiel *hello*

Die maßgeblich an der Entwicklung der Echtzeitfähigkeit von Linux beteiligte Firma Linutronix (www.linutronix.de) stellt ihre moderne, auf Eclipse basierende Entwicklungsumgebung jetzt auch in einer Version für den Raspberry Pi zur Verfügung. Die IDE ist auf Windows 7 getestet und installiert sich dort selbständig.

Eine kostenlose Demoversion der Eclipse-IDE für den Raspberry Pi kann von der URL https://www.linutronix.de/index.php?page=download-area&hl=de_DE heruntergeladen werden und enthält alle Features, die für eine effiziente Arbeit mit einer Cross-Development-Plattform notwendig sind. Allerdings kann mit der Demoversion nur ein Projekt mit dem voreingestellten Namen "linutronix" verwaltet werden.

6.6.2   Compilation und Debugging

Der sich anschliessende Vorgang des Compilierens des erzeugten Quelltextes wird bei Einsatz der Programmiersprache C durch ein sogenanntes Makefile gesteuert. Ein solches Makefile listet die Sourcefiles (Quelltextdateien), Compiler-Optionen u.a. Bedingungen, unter denen das betreffende Programm kompiliert werden soll.

Lädt man ein Projekt aus dem Internet, dann wird man in der Regel das passende Makefile dabei haben und es reicht der Aufruf von **make** zum Starten des gesamten Prozesses.

Kleinere Programme (z.B. einige der hier behandelten Programmbeispiele) kann man aber auch durch direkten Aufruf des Compilers *gcc* compilieren.

Die zu durchlaufenden Prozessschritte bei der Entwicklung eines Programms zeigt in vereinfachter Weise Abbildung 33.

Eine erste Stufe des Erfolgs ist erreicht, wenn der Compiler den Quelltext fehlerfrei compilieren kann.

Solange keine fehlerfreie Compilation erfolgt, muss an Hand der vom Compiler ausgegebenen Fehler und Warnungen der Quelltext erneut editiert werden.

Verläuft die Compilation fehlerfrei, dann bedeutet das aber noch nicht, dass das Programm zufriedenstellen läuft.

Das Verhalten des Programms zur Laufzeit muss ausgiebig getestet werden, da anderenfalls das Target, also hier unser Raspberry Pi, ein völlig unerwartetes Verhalten zeigen kann.

Da wir hier Embedded Systems betrachten, muss auch der Hardware entsprechende Beachtung geschenkt werden. Leicht können sonst durch falsche Annahmen über diese peripheren Komponenten und/oder nicht dokumentierte Eigenschaften dieser Komponenten sich komplexe Fehlerursachen im System verstecken.

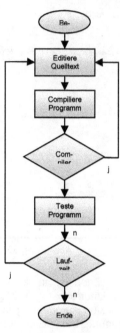

Abbildung 33 Prozess der Programmentwicklung

Zur Fehlersuche (Debugging) in Embedded Systems sind in [23] eine Reihe sehr nützlicher Hinweise zu finden.

Eine dort mitgeteilte Debugging-Erfahrung erscheint mir besonders beachtenswert:

 Debuggen geschieht im Kopf, nicht auf dem Bildschirm.

Die allermeisten Fehler sind mit einfachen Tests zu finden. Oft genügt eine Testausgabe mit einem an der richtigen Stelle im Quelltext platzierten `printf()`. Ist externe Hardware beteiligt, sind Fehler oft durch den Einsatz eines Oszilloskops zu finden.

Vor einem Softwaretest sollte man sich vergewissern, dass auch die Hardware erwartungsgemäss funktioniert. In Abschnitt 9 habe ich hierzu meine Erfahrung mit unzureichender Spanungsversorgung mitgeteilt.

Ebenfalls in [23] ist folgende Vorgehensweise zur Inbetriebnahme von Prototypen zu finden:

1. Bestückung und Verarbeitung überprüfen
2. Messen der Versorgungsleitungen
3. Signalparameter des Systemtakts ermitteln
4. Testen des Reset-Signals und der Bus-Aktivitäten
5. CPU mit simplem Programm starten und Systemregister konfigurieren
6. Zugriffe und Adressierung der Speicher testen
7. Prüfen der Toleranzen des Bus-Timings
8. Verbindung zum Debugger herstellen

Sicher ist für den Einsatz unseres Raspberry Pi nicht jeder Punkt der Auflistung von gleicher Wichtigkeit, doch das grundsätzliche Vorgehen bleibt.

Da es sich beim Raspberry Pi um eine System-on-Chip Lösung handelt, sind nicht alle Leitungen von aussen zugänglich. So wird man beispielsweise die Bus-Aktivitäten nicht durch direktes Messen nachverfolgen können. In vielen Fällen kann man aber auch mit indirekten Methoden funktionelle Tests durchführen. Das Testen des Reset-Signals kann z.b. über einen Power-On-Reset erfolgen, denn beim Zuschalten der Betriebsspannung wird die CPU in der Regel durch einen Reset-Baustein zurückgesetzt, um den Bootvorgang einzuleiten. Startet der Bootprozess, dann können wir auch von einem ordnungsgemässen Reset-Verhalten ausgehen.

6.6.3 Adafruit WebIDE

Die Adafruit WebIDE ist eine einfache Möglichkeit zur Softwareentwicklung auf dem Raspberry Pi. Der Raspberry Pi wird in der üblichen Weise im Netzwerk betrieben. Der Zugriff auf die Adafruit WebIDE erfolgt über einen Webbrowser.

Über die WebIDE lassen sich beliebige Quelltexte (C, Python, Ruby, JavaScript u.a.m.) bearbeiten. In der WebIDE steht auch ein Terminal zur Verfügung, so dass aus der WebIDE Kommandos an den Raspberry Pi gesendet werden können (CLI). Der Code wird in einem lokalen git-Repository versioniert und kann bei Bitbucket gehostet werden, so dass auf den Code von überall zugegriffen werden kann.

Auf der Website http://learn.adafruit.com/webide/installation ist eine ausführliche Installations- und Benutzeranweisung zu finden, weshalb hier auf weitere Details dazu verzichtet werden soll. Abbildung 34 vermittelt einen Eindruck vom User-Interface der Adafruit WebIDE.

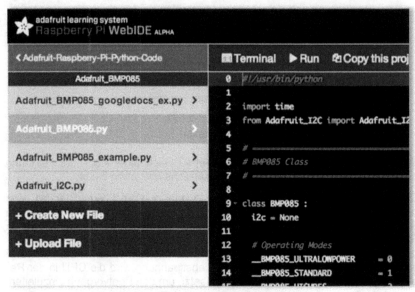

Abbildung 34   Adafruit WebIDE (Ausschnitt)

7. Entwicklungsumgebung für Embedded Linux

Zum Erstellen des Linux-Kernels, der Linux Device Driver, der Linux-Applikationen und eigener Anwendungen bedarf es im einfachsten Fall eines ebenfalls mit Linux ausgestatteten PCs zur Cross-Compilation.

Cross-Compilation steht für das Compilieren eines Quellcodes für ein anderes Zielsystem (Target) als das des Entwicklungs-PCs.

Die meisten Embedded Linux-Systeme haben aber bereits eine Menge von Entwicklungstools an Board, so dass es für viele Anwendungen reicht, wenn man das Target System selbst für die Programmentwicklung verwendet. Für den hier im Vordergrund stehenden Raspberry Pi ist diese Annahme deutlich erfüllt, so dass es keine Einschränkung der Allgemeingültigkeit bedeutet, wenn ich mich hier auf den Raspberry Pi beziehe.

Für Entwicklungen in einem Linux-Umfeld sollte eine Internetverbindung für das komfortable Nachladen von benötigten Softwarekomponenten zur Verfügung stehen.

7.1 Raspberry Pi im Netzwerk

Abbildung 35 zeigt eine Möglichkeit der Integration des Raspberry Pi (oder eines anderen Embedded Linux-Systems) in ein vorhandenes Netzwerk.

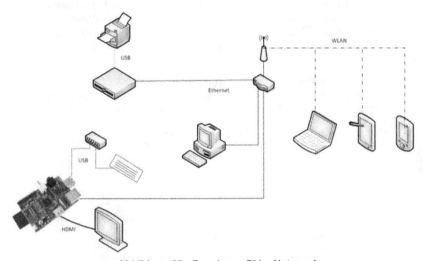

Abbildung 35 Raspberry Pi im Netzwerk

Das in Abbildung 35 gezeigte Netzwerk wird so oder ähnlich bei den meisten zu Hause vorhanden sein. Den Internetzugang liefert ein Access-Point, eine Kombination aus DSL-Modem, LAN- und WLAN-Router.

Im LAN befinden sich in der Regel ein NAS-Laufwerk und ein Netzwerkdrucker, sowie ein oder mehrere PCs, während im WLAN Notebook, Tablet PC und/oder Smartphone integriert sind. Unseren Raspberry Pi werden wir zumindest vorerst im LAN unterbringen.

Für die Inbetriebnahme des Raspberry Pi sind aber noch ein paar weitere Komponenten erforderlich. Die Aussagen hier beziehen sich auf das komplett ausgestattete Model B.

Der Ethernet-Anschluss wird über ein RJ45-Patchkabel mit dem für den Internetzugang verantwortlichen Router verbunden.

USB-fähige Tastatur und Maus können über einen Zweifach-USB Stecker angeschlossen werden und den Bildschirm schließt man am besten über ein HDMI- bzw. HDMI-DVI-Kabel an, je nach den am Bildschirm vorhandenen Anschlüssen.

Der Anschluss eines TFT-LCD-Monitors über den Composite RCA Anschluss, der z.B. für mobile Anwendungen sinnvoll sein kann, wird in Abschnitt 17.20 beschrieben.

Die Spannungsversorgung kann über eine microUSB-Verbindung von einem Handy-Netzteil aus erfolgen.

Will man weitere USB-Devices, wie USB-Stick oder externe USB-Harddisk anschließen, dann sollte ein USB-Hub mit eigener Spannungsversorgung eingesetzt werden. Auf die Speisung des Raspberry Pi über den microUSB-Anschluss kann in diesem Fall verzichtet werden. Diese flexiblere Anschlussvariante ist in Abbildung 36 skizziert.

Will man ganz auf der sicheren Seite sein, dass speist man den Raspberry Pi ganz konventionell mit einer ausreichend belastbaren 5 V DC Spannungsquelle. Eine Strombelastung von 1.5 A minimal soll dabei als Richtwert dienen.

An der linken Seite unseres Raspberry Pi ist eine SD-Card zu sehen. Auf dieser SD-Card ist das zum Einsatz kommende Linux-Betriebssystem abgespeichert, welches beim Starten des Raspberry Pi von der SD-Card gebootet wird.

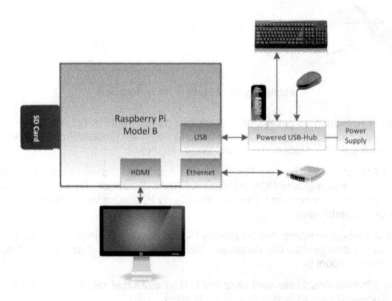

Abbildung 36   Erforderliches Zubehör zur Inbetriebnahme eines Raspberry Pi

Bei der Auswahl des erforderlichen Zubehörs sollte man sich von der Kompatibilitätsliste [24] leiten lassen. Die Inbetriebnahme des Raspberry Pi wird so nicht unnötig erschwert.

7.2 Zugriff von einem Netzwerk-PC

SSH (Secure-Shell-Protokoll) bietet die Möglichkeit, eine sichere Verbindung zum Datenaustausch zwischen zwei Rechnern zu installieren.

Ein SSH Server ist in der Raspbian Distribution bereits enthalten, muss nur aktiviert (enabled) werden. Die erforderlichen Schritte sind unter [25] beschrieben und sollen deshalb hier nicht weiter betrachtet werden.

Von einem ebenfalls im Netzwerk installierten Windows-Rechner kann dann z.B. mit dem SSH Client *PuTTY* auf den Raspberry Pi zugegriffen werden (Abbildung 37). Zum Filetransfer mit einem Windows-Rechner kann *WinSCP* eingesetzt werden (Abbildung 38).

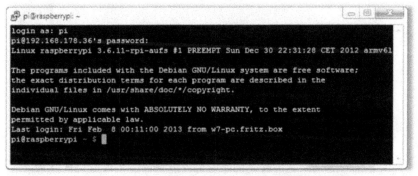

Abbildung 37   Zugriff auf die Kommandozeile mit *PuTTY*

67

Abbildung 38   SCP Filetransfer

Die beiden Tools können u.a. von der Website heise online heruntergeladen werden

- *PuTTY*:   http://www.heise.de/download/putty.html;
- *WinSCP*:   http://www.heise.de/download/winscp.html

Beginnen wird man zuerst sicher mit einem Zugriff über das LAN, d.h. der Raspberry Pi wird über ein Ethernet-Kabel mit dem Access-Point verbunden. Durch Einsatz eines USB-WLAN-Stick kann der Raspberry Pi aber auch in ein drahtloses Netzwerk (WLAN) integriert werden.

7.2.1   Zugriff über LAN

Für einen Netzwerkzugriff muss die IP Adresse bekannt sein. Über die Kommandos `ip addr show` oder `ifconfig` kann die eingestellte oder vergebene Netzwerkadresse vom Raspberry Pi leicht abgefragt werden.

Normalerweise bezieht der Raspberry Pi seine IP Adresse vom DHCP Server des betreffenden LAN (Router). Hierzu müssen im File */etc/network/interfaces* die folgenden Zeilen stehen:

```
auto eth0
iface eth0 inet dhcp
```

Will man die IP Adresse hingegen fest einstellen, dann müssen im File /etc/network/interfaces diese Zeilen durch

```
auto eth0
iface eth0 inet static
    address 192.168.1.xx
    netmask 255.255.255.0
    gateway 192.168.1.1
```

ersetzt werden. Die Zeichen xx sind durch eine freie Adresse zu ersetzen.

Wir verwenden hier eine feste Adresszuordnung, damit verhindert wird, dass beim Reboot vom DHCP Server wechselnde Adressen vergeben werden.

Die Datei /etc/network/interfaces ist hierzu folgendermaßen eingerichtet worden (Abbildung 39).

Abbildung 39   Konfiguration Ethernet

Beim Router wurden die vom DHCP Server zu vergebenen Adressen auf einen Bereich unter 128 beschränkt, so dass die Adresse 192.168.1.128 fest vergeben werden kann.

Zu beachten ist, dass die verschiedenen Router mit unterschiedlichen Default-Adressbereichen arbeiten. So habe ich für Router von ZyXEL und D-Link den Adressbereich 192.168.1.xx vorgefunden, während bei der stark verbreiteten Fritz!Box dieser Bereich bei 192.168.178.xx lag.

Somit konnte bei der Fritz!Box der DHCP-Bereich von ursprünglich 192.168.178.20 bis 192.168.178.200 entsprechend reduziert werden. Gemäss Abbildung 40 hat man dann immer noch reichlich 100 Adressen zur Vergabe über DHCP zur Verfügung.

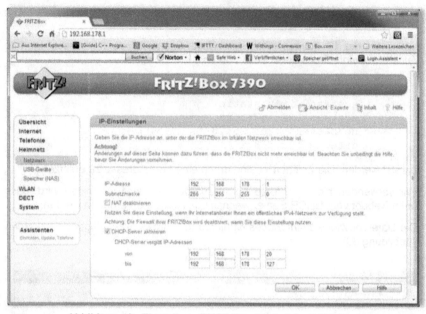

Abbildung 40   Einstellung DHCP Bereich bei der Fritz!Box

7.2.2   Zugriff über WLAN

Sicherheitshalber unterziehen wir unseren Raspberry Pi vor der Installation des WLAN Adapters einem Update

```
$ sudo apt-get update && sudo apt-get upgrade
```

Ich habe hier einen Edimax EW-7811UN WLAN USB Adapter eingesetzt, der kompatibel zu 802.11b/g/n ist und Übertragungsraten bis zu 150Mbps zulässt. Abbildung 41 zeigt den kompakten WLAN USB Adapter.

Abbildung 41   EW-7811UN, WLAN USB Adapter

Nach dem Einstecken des WLAN USB Adapter wird das System neu gebootet. Zur Konfiguration des Interfaces ist wieder die Datei *etc/network/interfaces* anzupassen.

Weist der Access Point einen DHCP-Server auf, dann kann die IP Adresse automatisch vergeben werden und die Datei *etc/network/interfaces* könnte folgendermassen angepasst werden.

Die Netzwerkkennung SSID (Service Set Identifier) und das Password werden in der Datei *wpa_supplicant.conf* noch angepasst.

```
auto lo
iface lo inet loopback
iface eth0 inet dhcp

allow-hotplug wlan0
auto wlan0
iface wlan0 inet dhcp
wpa-roam /etc/wpa_supplicant/wpa_supplicant.conf
```

Eine statische IP Adresse kann ebenfalls eingestellt werden. Beim LAN hatten wir das bereits kennen gelernt.

```
auto lo
iface lo inet loopback
iface eth0 inet dhcp

allow-hotplug wlan0
iface wlan0 inet manual
address 192.168.1.100
netmask 255.255.255.0
gateway 192.168.1.1
wpa-roam /etc/wpa_supplicant/wpa_supplicant.conf
```

Die WPA Konfiguration nehmen wir nun noch in der Datei *wpa_supplicant.conf* vor. Die fett markierten Einträge für `ssid` und `psk` sind durch die Angaben des betreffenden Netzwerks anzupassen.

```
network={
ssid="SSID-GOES-HERE"
proto=RSN
key_mgmt=WPA-PSK
pairwise=CCMP TKIP
group=CCMP TKIP
psk="WIFI-PASSWORD-GOES-HERE"
}
```

Nachdem die Anpassungen vorgenommen wurden, kann das System einem Reboot unterzogen und das Ethernetkabel entfernt werden. Nun sollte unser

Raspberry Pi im Netzwerk wie ein normales WiFi Device erscheinen und erreichbar sein.

7.3 Zugriff von einem Android Device

Hat man ein Android Device (Smartphone, Tablet) mit seinem Heimnetz verbunden, dann kann auch von diesem mit dem Raspberry Pi Kontakt aufgenommen werden. Im Wesentlichen geht es um die gleichen Dienste, die im letzten Abschnitt besprochen wurden – Terminalzugang und Filetransfer.

Google Play hilft uns, die entsprechenden Apps zu finden. Bei der Suche nach einem geeigneten SSH Client bin ich auf *VX ConnectBot* gekommen (Abbildung 42).

VX ConnectBot ist eine erweiterte Version des beliebten Open-Source Telnet und Secure Shell (SSH) Clients *ConnectBot* (http://connectbot.vx.sk/).

VX ConnectBot wurde auf der Grundlage von *ConnectBot* Version 1.7.1 entwickelt. Der Datenaustausch erfolgt im Hintergrund über das SCP Protokoll. Es lassen sich Screenshots vom Bildschirminhalt im PNG-Format abspeichern und anderes mehr.

Abbildung 42   Auswahl an SSH Clients

Wichtig ist es eine vernünftige Tastatur zur Verfügung zu haben. Diese Anforderung wird von den meisten On-Board Tastaturen, die zur Texteingabe optimiert wurden, im Allgemeinen nicht erfüllt.

Will man aber auf eine externe Tastatur verzichten, dann kann beispielsweise *Hacker's Keyboard* helfen (http://code.google.com/p/hackerskeyboard/). Das ist eine On-Board Tastatur, die den Tastenumfang einer PC-Tastatur bereitstellt. Funktionstasten und Sonderzeichen, die man für Eingaben über das CLI benötigt, stehen zur Verfügung. *Hacker's Keyboard* findet man ebenfalls über Google Play zum kostenlosen Download.

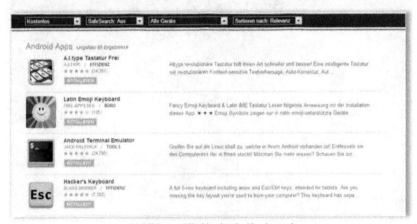

Abbildung 43   Hacker's Keyboard

Mit *AndFTP* (http://www.lysesoft.com/products/andftp/) habe ich einen SCP Client gefunden, der allerdings nur für einige Features kostenlos ist (Abbildung 44).

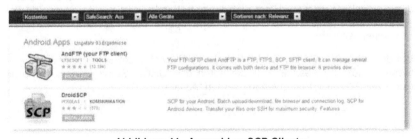

Abbildung 44   Auswahl an SCP Clients

AndFTP besitzt Browser für das Android Device und den betreffenden Server. Alle Funktionen eines Dateimanagers (Öffnen, Umbenennen, Verschieben, Kopieren, Löschen von Dateien) sind vorhanden. Ausserdem können die Zugriffsberechtigungen (chmod) verändert werden. SCP und Ordner-Synchronisation sind nur in der Pro-Version vorhanden.

Die vorgestellten Tools sind auf einem Samsung Galaxy Tab 10.1 installiert worden und stehen nun für den Zugriff auf unseren Raspberry Pi zur Verfügung (Abbildung 45).

Abbildung 45   Netzwerktools auf einem Samsung Galaxy Tab10

Die folgenden Abbildungen sollen die Handhabung der Tools erläutern.

Bevor wir über SSH auf den Raspberry Pi zugreifen können, muss die Verbindung aufgebaut werden. Hierzu ist der betreffende Host mit Benutzer und IP-Adresse anzuwählen (Abbildung 46) und später das Password einzugeben (Abbildung 47).

Bei den Versuchen hier war der Raspberry Pi noch nicht auf eine feste IP Adresse eingestellt, weshalb hier die durch den DHCP Server zugewiesene IP Adresse 192.168.1.12 verwendet werden musste.

Abbildung 46   Auswahl des Servers   **Abbildung 47   Authentifizierung**

War das Login erfolgreich, dann meldet sich der Raspberry Pi mit der Kommandozeile und kann nun über das CLI bedient werden.

Abbildung 48 zeigt den Aufruf der CPU Info über `cat /proc/cpuinfo` und die entsprechende Ausgabe. Abbildung 49 zeigt den Aufruf des Kommandos *htop*, welches Auskunft über die laufenden Prozess und benutzten Ressourcen gibt.

In der Raspbian Distribution ist das Kommando *top* vorhanden, während das komfortablere *htop* nachinstalliert werden muss, was man durch

```
$ sudo apt-get install htop
```

erreicht. In Abschnitt 10.1 sind weitere vergleichbare Tools beschrieben.

Abbildung 48 CLI	Abbildung 49 Zugriff auf *htop*

Auch beim Filetransfer sind die ersten Schritte vergleichbar. Da SCP nur bei der kostenpflichtigen Version möglich ist, habe ich hier SFTP ausgewählt (Abbildung 50) und die IP-Adresse vorgegeben (Abbildung 51).

Um bei der Übertragung nicht auf das ASCII-Format festgelegt zu sein, wählt man in den Optionen UTF-8.

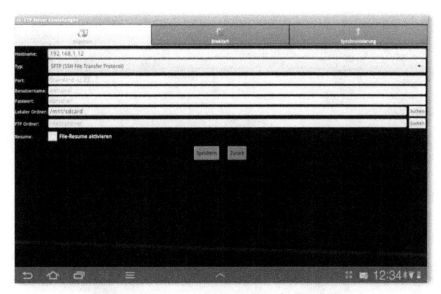

Abbildung 50   Auswahl des File Transfer Protokolls

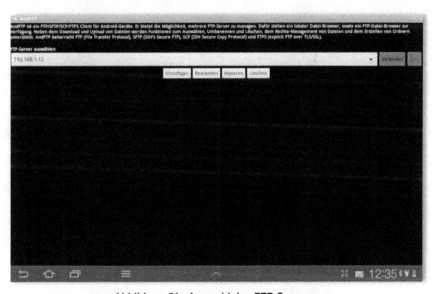

Abbildung 51   Auswahl des FTP-Servers

Ist die Authentifizierung gemäß Abbildung 52 erfolgreich, dann erscheint das Verzeichnis /home/pi des Raspberry Pi auf dem Schirm (Abbildung 53).

Abbildung 52 Authentifizierung

Abbildung 53 Zugriff auf das Verzeichnis /home/pi

In Abbildung 44 war ein weiterer SCP Client zu sehen, der praktisch vergleichbar arbeitet. Für die kostenlose Version gibt es da auch ein paar wenige Einschränkungen (u.a. eingeblendete Werbung), die man durch einen kostenpflichtigen Unlock Key aber eliminieren kann.

7.4 Zugriff über VNC

Über Virtual Network Computing (VNC) kann der Bildschirminhalt eines Rechners (Server) auf einem anderen Rechner (Client) anzeigt werden, während die Eingabeoperationen (Tastaturbetätigungen resp. Mausbewegungen) des Clients an den Server übermittelt werden. VNC ist plattformunabhängig, wodurch mit unterschiedlichen Betriebssystemen ausgestattete Computer (Linux, Android, iOS, Windows) miteinander kommunizieren können.

TightVNC stellt VNC-Server und -Client für Windows und Linux zur Verfügung und ist durch seine Kompaktheit sehr gut für den Raspberry Pi geeignet. Das Programm kann nur Passwörter verschlüsselt übertragen, die Datenübertragung hingegen erfolgt unverschlüsselt.

Die Installation auf dem Raspberry Pi erfolgt durch die Kommandos

```
$ sudo apt-get update
$ sudo apt-get install tightvncserver
```

und anschliessendem Start gemäss Abbildung 54 gefolgt von der Einrichtung eines Passwords für den VNC Zugriff. Über Kommandozeilenparameter können die Grösse des auszugebenden Bildschirms und die Anzahl der Bits/Pixel (Farbtiefe) angegeben werden. Es können auf diese Weise unterschiedliche VNC Server aufgesetzt werden, deren Auflösung beispielsweise an einen betreffenden Client angepasst ist.

Abbildung 54 Start VNC Server

VNC Clients gibt es in den verschiedensten Ausprägungen. Für die Tests auf meinem Windows-Rechner habe ich den *VNC Real Viewer* (http://www.realvnc.com) installiert.

Zur Konfiguration reichen drei Einstellungen aus:

1. Adresse des VNC Servers – das ist die IP Adresse unseres Raspberry Pi

2. VNC Server Port - setzt sich aus dem Default Port 5900 und der Displaynummer (hier 1) zusammen

3. VNC Password – das ist das bei der VNC Server Installation vereinbarte Password

Nach dem Start des *VNC Viewers*, wie der VNC Client hier heißt, können die genannten Parameter eingegeben werden und die Verbindung wird aufgebaut.

Abbildung 55 zeigt die Eingabe von Adresse und Port des zu kontaktierenden VNC Servers. Die Eingabe des VNC Passwords zeigt Abbildung 56.

Abbildung 55   VNC Verbindungsaufbau

Abbildung 56   Eingabe des VNC Passwords

Ist die Verbindung erfolgreich aufgebaut, dann erscheint die bekannte Raspberry Pi Oberfläche auf dem Windows-PC (Abbildung 57).

Abbildung 57   VNC Verbindung zwischen Windows-PC und Raspberry Pi

Die Steuerung des *TightVNCServers* erfolgt mit den in Abbildung 58 gezeigten Parametern über die Kommandozeile.

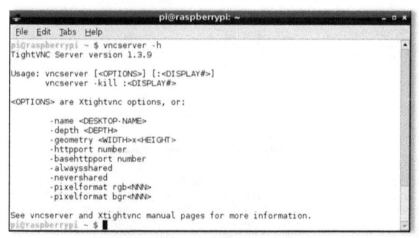

Abbildung 58   Steuerung des TightVNCServers

Damit der VNC Server bei Booten des Raspberry Pi auch gleich gestartet wird, müssen noch einige Vorkehrungen getroffen werden.

```
$ cd /home/pi/.config
$ mkdir autostart
$ cd autostart
$ nano tightvnc.desktop
```

In die zu erstellende Datei *tightvnc.desktop* sind die folgenden Zeilen einzutragen:

```
[Desktop Entry]
Type=Application
Name=TightVNC
Exec=vncserver :1
StartupNotify=false
```

Nach dem Speichern dieser Datei kann das System einem Reboot unterzogen werden, der VNC Server wird automatisch gestartet und wir können uns in der beschriebenen Weise von einem VNC Client aus anmelden.

Um die Auflösung an ein bestimmtes Gerät anzupassen, ist der VNC Server zu stoppen und mit den neuen Parametern wieder zu starten. Abbildung 59 zeigt die Anpassung an die Auflösung eines Samsung Galaxy Tab 10.1, welches in der Folge als Android Device zum Remote Zugriff auf den Raspberry Pi eingesetzt werden soll.

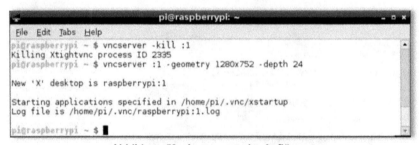

Abbildung 59   Anpassung der Auflösung

Will man von einem Android Device auf den Raspberry Pi über VNC zugreifen, dann findet man entsprechende Clients unter Google Play. Ich habe einige der gratis verfügbaren VNC Clients auf einem Samsung Galaxy Tab 10.1 getestet und mich dann für den *bVNC Free Client* entschieden. Abbildung 60 zeigt die Einrichtung der Verbindung. Abbildung 61 zeigt die Raspberry Pi Oberfläche mit eingeblendetem LX Terminal Fenster.

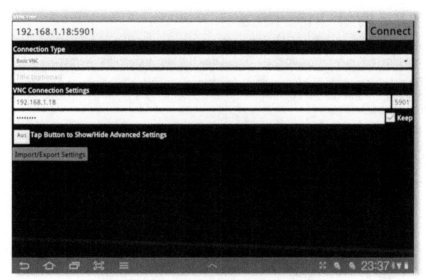

Abbildung 60   Einrichten der VNC Verbindung

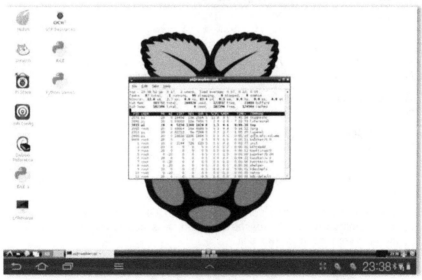

Abbildung 61   VNC Zugriff von einem Samsung Galaxy Tab 10.1

83

7.5 Web Interface

Stellt ein System eine sogenanntes Web Interface zur Verfügung, dann kann von einem Webbrowser über HTTP auf das System zugegriffen werden.

Da praktisch jedes System (Linux, Android, Windows, iOS) einen Webbrowser mitbringt, kann dieser Zugriff plattformunabhängig, also von einem beliebigen Client aus, erfolgen.

Auf dem Raspberry Pi wollen wir den Webserver *Lighttpd* (http://www.lighttpd.net) installieren, der sich gerade für Systeme mit beschränkten Ressourcen empfiehlt.

Die Installation von Lighttpd erfolgt in nun schon gewohnter Weise durch

```
$ sudo apt-get update
$ sudo apt-get install lighttpd
```

Nach Abschluss der Installation steht uns *Lighttpd* in der Version 1.4.31 vom 24.11.2012 zur Verfügung.

Eine Reihe von Web-basierten Anwendungen nutzt eine Datenbank im Hintergrund. Diese können wir wie folgt installieren:

```
$ sudo apt-get install mysql-server
```

MySQL ist eine sehr verbreitete Datenbank, die von zahlreichen Linux-Anwendungen verwendet wird, weshalb sie hier bevorzugt würde.

Wir betrachten hier aber vorrangig den Zugriff auf „normale" Webseiten und benötigen diese Installation nicht. *MySQL* kann jederzeit nachinstalliert werden.

Um PHP-Dateien ausführen zu können, installieren wir nun noch die benötigten PHP-Pakete in der angegebenen Reihenfolge:

```
$ sudo apt-get install php5-common php5-cgi php5
```

Wird PHP5 installiert, ohne vorher das PHP5-CGI Paket installiert zu haben, dann bekommen wir noch *Apache* installiert, was aus Gründen des Ressourcenbedarfs vermieden werden soll.

Hatte man *MySQL* installiert, dann sollten durch

```
$ sudo apt-get install php5-mysql
```

noch die MySQL-Libraries installiert werden, die PHP den Zugriff auf die Datenbank erlauben.

Damit unser Webserver PHP-Dateien ausführen kann, ist das fastcgi-Module noch zu „enablen":

```
$ sudo lighty-enable-mod fastcgi
$ sudo lighty-enable-mod fastcgi-php
```

Zum Abschluss werden noch die Zugriffsrechte für das Webverzeichnis /var/www/ angepasst:

```
$ sudo chown www-data:www-data /var/www
$ sudo chmod 775 /var/www
$ sudo usermod -a -G www-data pi
```

und die Konfiguration des Webservers angepasst.

Das hier verwendete File *lighttpd.conf* kann von Sourceforge.net heruntergeladen werden (https://sourceforge.net/projects/raspberrypisnip/files/Lighttpd/). Die Datei wird unter /etc/lighttpd gespeichert und anschliessend über

```
$ sudo /etc/init.d/lighttpd force-reload
```

das Neuladen der Datei *lighttpd.conf* erzwungen. Jetzt ist unser Raspberry Pi über seine IP Adresse vom Browser aus erreichbar.

Der Webserver ist nun bereit, um PHP- und HTML-Seiten zu verarbeiten. Alle Webseiten sind im Verzeichnis /var/www zu speichern, um auf diese über IP-Adresse/Seitenname + Endung zugreifen zu können.

Zu Testzwecken können wir uns beispielsweise eine einfache PHP-Seite erstellen. Listing 1 zeigt den betreffenden Quelltext.

```
<!DOCTYPE html PUBLIC "-//W3C//DTD HTML 4.01 Transitional//EN">
<html>
<head>
  <title> PHP Test Script </title>
</head>
<body>

<?php phpinfo( );
?>

</body>
</html>
```

Listing 1   Quelltext *info.php*

Der Aufruf dieser neu erstellten Webseite *info.php* erfolgt nun aus einem beliebigen Webbrowser gemäß Abbildung 62.

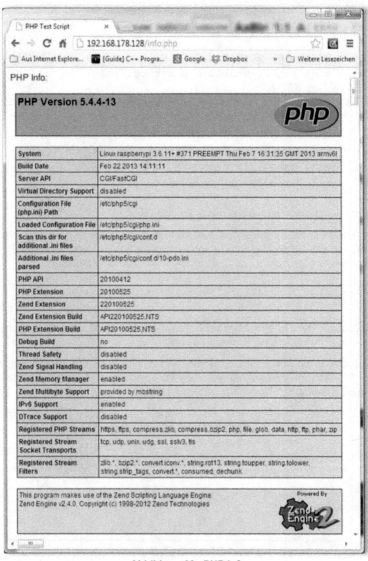

Abbildung 62   PHP Info

PHP läuft im Safe-Mode, wodurch z.B. beim Dateiupload Probleme auftreten.

Damit PHP nicht die Ausführung einer heraufgeladenen Seite blockiert, müssen Eigentümer und Gruppenzugehörigkeit der Seite auf www-data geändert werden. Mit dem folgenden Kommando wird die Anpassung vorgenommen:

```
$ chown www-data.www-data /var/www/Dateiname.Endung
```

8. CPU Boards

Schwerpunktmäßig befassen wir uns hier mit dem Raspberry Pi. Alternative Boards, deren Preise alle unter € 150,- liegen, werden kurz erwähnt, damit der Leser einen umfassenderen Einblick in die Palette der Möglichkeiten erhält und sich ggf. auch für eines dieser Boards entscheiden kann.

Da die Hardware durch das Betriebssystem gekapselt wird, sind die Anwendungen in der Regel auch auf unterschiedlicher Hardware lauffähig.

8.1 Raspberry Pi

Raspberry Pi ist ein scheckkartengrosser, ARM-basierender Single-Board-Computer mit den Abmessungen 85,6mm x 53,98 mm x 17 mm und zeichnet sich durch die folgenden Merkmale aus:

- SoC Broadcom BCM2835 (CPU, GPU, DSP und SDRAM)
  - o CPU: 700 MHz ARM1176JZF-S Core (ARM11-Familie)
  - o GPU: Broadcom VideoCore IV, OpenGL ES 2.0, 1080p30 h.264/MPEG-4 AVC
- High-Profile-Decoder
- 256/512 MB SDRAM
- Video Out: Composite RCA, HDMI
- Audio Out: 3.5 mm Audiobuchse, HDMI
- Unterstützte Speicherkarten: SD, MMC, SDIO-Card Slot
- 10/100-MBit-Ethernet RJ45
- 2 x USB 2.0
- microUSB Port zur Stromversorgung
- 26-polige Stiftleiste (GPIO, UART, SPI, I^2C)

Das SoC BCM2835 weist einen leistungsfähigen Grafikprozessor (GPU) Videocore 4 auf, der eine Videoausgabe in Blu-Ray Qualität mit einer Datenkompression gemäss H.264 bei 40 MBit/s erlaubt. Unter Verwendung der unterstützten OpenGL ES2.0 und OpenVG Bibliotheken wird ein schneller 3D-Zugriff möglich.

Ein ARM1176JZFS mit Hardware-Floating-Point-Unit und 700 MHz Taktfrequenz ist für die Programmabarbeitung verantwortlich und kommt mit einer Dhrystone Performance von 1.25 DMIPS/MHz und einer Taktfrequenz von 700 MHz auf einen Score von 875 DMIPS. Abbildung 63 zeigt dieses Resultat im Vergleich zu anderen aktuellen CPUs.

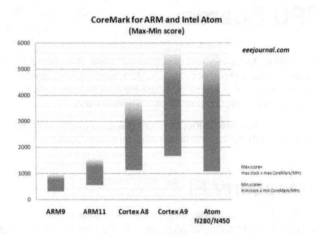

Abbildung 63   CoreMark Resultate

Der Raspberry Pi bootet von der SD Card, weshalb diese für den Betrieb obligatorisch ist. Bei der Auswahl der SD Card sollte man vorsorglich die Kompatibilitätsliste [24] anschauen, da es gerade bei höherklassigen SD Cards durchaus zu Kommunikationsproblemen kommen kann. Beim Einsatz einer billigeren Class 4 Card gab es hingegen keine Probleme.

Wenn wir vom Raspberry Pi schlechthin sprechen, dann war ursprünglich das in Abbildung 64 dargestellte Mikrocontrollerboard gemeint.

Abbildung 64   Raspberry Pi

In dieser Form ging der Raspberry Pi an den Markt und wiederspiegelt an Hand der verfügbaren Steckverbinder die oben angegebenen Hauptmerkmale. Abbildung 65 zeigt ein Blockschema mit den wichtigsten Modulen an Board.

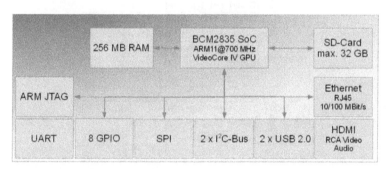

Abbildung 65   Raspberry Pi Blockschema Model B Rev. 1

Seit der Markteinführung des Raspberry Pi gibt es mehrere Revisionen der Hardware. Die Änderungen bestehen in zusätzlichen Bohrungen und Änderungen an der Stromversorgungsschaltung. Abbildung 66 zeigt die äusserlich wahrnehmbaren Unterschiede beim Raspberry Pi Model B.

Wichtig für die Betrachtungen hier ist die 26-polige Stiftleiste, an der alle digitalen Ein-/Ausgänge sowie die Anschlüsse für UART, SPI und I^2C-Bus herausgeführt sind.

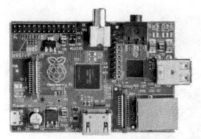

Abbildung 66   Raspberry Pi - Rev. 1 (links), Rev. 2 (rechts)

Eine Übersicht über die Zuordnung der Pins der 26-poligen Stiftleiste zu den I/O Funktionen ist für Model B Rev. 1 in Tabelle 9 und für Model B Rev. 2 in Tabelle 10 zusammengestellt. Die mit DNC (do not contact) bezeichneten Anschlüsse sollten nicht verwendet werden, da sich deren derzeitige Verwendung ändern kann.

3V3		P1-1	P1-2	5V0	
I2C0_SDA	GPIO0	P1-3	P1-4	DNC	
I2C0_SCL	GPIO1	P1-5	P1-6	GND	
I2C0_SCLK	GPIO4	P1-7	P1-8	GPIO14	UART_TX
DNC		P1-9	P1-10	GPIO15	UART_RX
	GPIO17	P1-11	P1-12	GPIO18	
	GPIO21	P1-13	P1-14	DNC	
	GPIO22	P1-15	P1-16	GPIO23	
DNC		P1-17	P1-18	GPIO24	
SPI_MOSI	GPIO10	P1-19	P1-20	DNC	
SPI_MISO	GPIO9	P1-21	P1-22	GPIO25	
SPI_CLK	GPIO11	P1-23	P1-24	GPIO8	SPI_CEN0
DNC		P1-25	P1-26	GPIO7	SPI_CEN1

Tabelle 9   Belegung der Stiftleiste Rev. 1 (DNC - nicht kontaktieren)

3V3		P1-1	P1-2	5V0	
I2C1_SDA	GPIO2	P1-3	P1-4	DNC	
I2C1_SCL	GPIO3	P1-5	P1-6	GND	
I2C1_SCLK	GPIO4	P1-7	P1-8	GPIO14	UART_TX
DNC		P1-9	P1-10	GPIO15	UART_RX
	GPIO17	P1-11	P1-12	GPIO18	
	GPIO27	P1-13	P1-14	DNC	
	GPIO22	P1-15	P1-16	GPIO23	
DNC		P1-17	P1-18	GPIO24	
SPI_MOSI	GPIO10	P1-19	P1-20	DNC	
SPI_MISO	GPIO9	P1-21	P1-22	GPIO25	
SPI_CLK	GPIO11	P1-23	P1-24	GPIO8	SPI_CEN0
DNC		P1-25	P1-26	GPIO7	SPI_CEN1

Tabelle 10   Belegung der Stiftleiste Rev. 2 (DNC - nicht kontaktieren)

Die markanten Unterschiede an der Stiftleiste liegen beim I^2C-Bus. Von den zwei vorhandenen Bussen wird bei der Rev. 1 I2C0 an die Stiftleiste geführt, bei der Rev. 2 hingegen I2C1. Ausserdem hat sich die Belegung von P1-13 geändert. Bei Rev. 1 liegt GPIO21 an diesem Anschluss, bei der Rev. 2 ist das GPIO27.

8.2   Alternative Linux-Boards

Auch vor dem Raspberry Pi hat es zahlreiche Linux-Boards gegeben, doch mit der Verfügbarkeit vom ARM Derivaten und möglicherweise auch initiiert durch die Nachfrage nach dem Raspberry Pi sind derzeit neue, leistungsfähige Boards zu sensationellen Preisen auf den Markt gekommen.

Tabelle 11 zeigt eine Auswahl von Linux-Boards im Preissegment unter 150 € mit Links zu einigen Anbietern, deren Preise hier gelistet sind (Stand Mai 2013).

Board	Preis	Processor	URL
Raspberry Pi	€ 32.88	Broadcom BCM2835 (ARM1176JZ-F/VideoCore IV®)	http://www.raspberrypi.org/
GNUBLIN	€ 49.95	ARM9 (NXP LPC3131)	http://gnublin.embedded-projects.net
Beaglebone	€ 81.52	Cortex-A8 (AM3359)	http://www.watterott.com/en/BeagleBone
Beaglebone Black	€ 46.63	Cortex-A8 (AM335x)	http://www.watterott.com/en/BeagleBone-Black
iMX233-OLinuXino	€ 24.00	ARM9 (iMX233 ARM926J)	https://www.olimex.com/Products/OLinuXino/iMX233/
	€ 35.00		
	€ 45.00		
FOX Board G20	€ 139.00	ARM9 (AT91SAM9G20)	http://www.acmesystems.it/FOXG20
Cubie Board	€ 57.95	Allwinner A10 (Cortex-A8/Mali400)	http://cubieboard.org/
Gooseberry	£ 40.00	Allwinner A10 (Cortex-A8/Mali400)	http://gooseberry.atspace.co.uk
APC Rock	$ 79.00	VIA ARM Cortex-A9	http://apc.io/products/rock/

Hackberry A10	$ 65.00	Allwinner A10 (Cortex-A8/Mali400)	https://www.miniand.com/
A13 OLinuXino	€ 35.00	Allwinner A13 (Cortex-A8/Mali400)	https://www.olimex.com/Products/OLinuXino/A 13/
	€ 45.00		
A13 OLinuXino Wifi	€ 55.00		
Wandboard Solo	€ 58.00	Freescale i.MX6 Solo (Cortex-A9 Single core)	http://www.denx-cs.de/?q=Wandboard
Wandboard DualLite	€ 74.00	Freescale i.MX6 Duallite (Cortex-A9 Single Dual core)	
UDOO	$ 109/129	Freescale i.MX 6 (Cortex-A9 Dual/Quad core)	http://www.kickstarter.com/projects/435742530 /udoo-android-linux-arduino-in-a-tiny-single-board

Tabelle 11   Linux-Boards unter € 150,00 (Auswahl)

Neben der ersten Zeile ist auch die letzte Zeile in Tabelle 11 farblich hervorgehoben, weil das dort avisierte UDOO Board in mehrerlei Hinsicht eine Besonderheit darstellt.

Wie die meisten anderen Linux-Boards auch ist das UDOO Board ein leistungsstarkes Prototypingboard, welches einfach zu nutzen und mit wenigen Schritten für eigene Projekte in Betrieb zu nehmen ist.

Allerdings verbindet UDOO ausserdem unterschiedliche Computerwelten in einem, von denen jede ihre spezifischen Merkmale aufweist.

UDOO ist ein Open-Hardware, Low-Cost Computer, ausgestattet mit einer ARM Quad-Core i.MX6 Freescale CPU für Android und Linux kombiniert mit einem Arduino DUE auf Basis eines Atmel ARM SAM3X auf einem Board. Abbildung 67 vermittelt einen Eindruck von der zu erwartenden Performance des UDOO Boards. Die Quad-Core CPU i.MX6 steht dabei für die Performance von vier Raspberry Pis. Hinzu kommt noch der Arduino DUE kompatible SAM3X Controller.

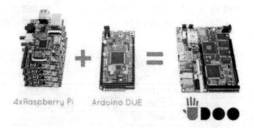

4xRaspberry Pi   Arduino DUE   UDOO

Abbildung 67   UDOO Systemkomponenten

Wurde im Laufe der Entwicklung des Raspberry Pi deutlich, zu welchen Leistungen ein engagiertes Team mit geeigneter Unterstützung in der Lage ist, wird bei vergleichbaren Projekten heute immer öfter der Weg über das sogenannte Crowdfounding gewählt.

Crowdfounding ist eine Art der Finanzierung von Projekten und Produkten, der Umsetzung von Geschäftsideen u.a.m. Meistens erfolgt die Finanzierung in der Form stiller Beteiligungen.

Kickstarter ist eine seit 2009 bestehende Finanzierungsplattform, die kulturelle, kreative und technologische Projekte unterstützt.

Kickstarter bildet auch die Finanzierungsgrundlage für das UDOO Projekt (http://www.kickstarter.com/projects/435742530/udoo-android-linux-arduino-in-a-tiny-single-board).

Durch die rege Beteiligung an der Finanzierung konnten die Entwicklungsziele des UDOO Projektes erweitert werden und so erwarten wir in nächster Zeit neben den ursprünglich geplanten Features

- Freescale i.MX 6 ARM Cortex-A9 CPU Dual/Quad Core 1GHz
- Integrierte Grafik, jede CPU bietet drei separate Beschleuniger für 2D, OpenGL® ES2.0 3D und OpenVG™
- Atmel SAM3X8E ARM Cortex-M3 CPU (Arduino Due)
- RAM DDR3 1GB
- 54 digitale I/O + analog Input (Arduino-compatible R3 1.0 pinout)
- HDMI und LVDS + Touch (I^2C signals)
- Ethernet RJ45 (10/100/1000 MBit)
- WiFi Module
- Mini USB and Mini USB OTG
- USB Type A (x2) and USB connector (spez. Kabel))
- Analog-Audio und Mic
- SATA (nur in der Quad-Core Version)
- Kameraanschluss
- Micro SD (Boot Device)
- Power Supply (5-12V) und externer Batterieanschluss

zusätzlich noch

- mehr verfügbare IOs des iMX6
- S/PDIF Digital Audio In & Out über Stiftleisten
- I2S/AC97/SSI Digital Audio Multiplexer über Stiftleisten
- FlexCAN (Flexible Controller Area Network) über Stiftleisten
- Unterstützung einer zweiten SD Card über Stiftleisten (zum Anschluss eines externen Controllers für eine zweite SD Card oder ein eMMC Module)

Darüber hinaus soll ein USB-Bluetooth-Dongle mit Treibern für Android und Linux angeboten werden.

Die Raspberry Pi Initiative und das über Kickstarter initiierte Projekt UDOO sind neben anderen sehr schönes Beispiele, wie über vollkommen neue Wege (Open Innovation) der Allgemeinheit zugängliche Produkte entstehen und diese an deren Gestaltung mitwirken lässt (Open Source Software, Open Hardware, Open Content).

9. Hinweise zur Inbetriebnahme

Ist das erste Login erfolgreich verlaufen, dann hat man den ersten Etappensieg erreicht.

Dennoch können sich erfahrungsgemäß weitere, recht undurchsichtige Fehlersituationen ergeben, die sich beispielsweise durch Kommunikationsabbrüche oder extreme Zeiten beim Nachladen von Softwarekomponenten bemerkbar machen.

Beim Forschen nach den Ursachen für dieses Verhalten konnte festgestellt werden, dass die Kommunikation im LAN sehr langsam erfolgte. Deutlich wurde das durch ein Ping auf den Router.

Abbildung 68 zeigt die absolut unbefriedigenden Ergebnisse. Die mittlere Ping-Antwortzeit lag bei fast 3 s und schwankte zudem zwischen ca. 300 ms und fast 6 s. Ein Ping auf den Raspberry Pi selbst zeigte hingegen Ping-Antwortzeiten unterhalb 1 ms.

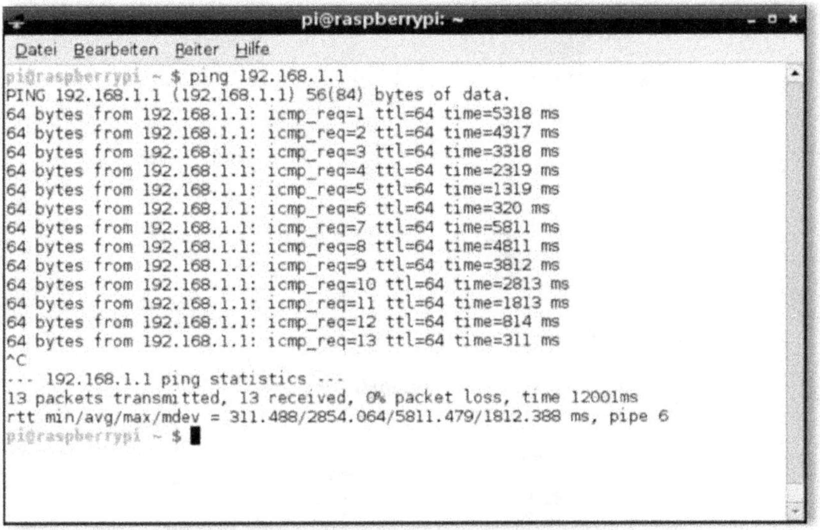

```
                          pi@raspberrypi: ~                    _ □ ×
 Datei  Bearbeiten  Reiter  Hilfe
 pi@raspberrypi ~ $ ping 192.168.1.1
 PING 192.168.1.1 (192.168.1.1) 56(84) bytes of data.
 64 bytes from 192.168.1.1: icmp_req=1 ttl=64 time=5318 ms
 64 bytes from 192.168.1.1: icmp_req=2 ttl=64 time=4317 ms
 64 bytes from 192.168.1.1: icmp_req=3 ttl=64 time=3318 ms
 64 bytes from 192.168.1.1: icmp_req=4 ttl=64 time=2319 ms
 64 bytes from 192.168.1.1: icmp_req=5 ttl=64 time=1319 ms
 64 bytes from 192.168.1.1: icmp_req=6 ttl=64 time=320 ms
 64 bytes from 192.168.1.1: icmp_req=7 ttl=64 time=5811 ms
 64 bytes from 192.168.1.1: icmp_req=8 ttl=64 time=4811 ms
 64 bytes from 192.168.1.1: icmp_req=9 ttl=64 time=3812 ms
 64 bytes from 192.168.1.1: icmp_req=10 ttl=64 time=2813 ms
 64 bytes from 192.168.1.1: icmp_req=11 ttl=64 time=1813 ms
 64 bytes from 192.168.1.1: icmp_req=12 ttl=64 time=814 ms
 64 bytes from 192.168.1.1: icmp_req=13 ttl=64 time=311 ms
 ^C
 --- 192.168.1.1 ping statistics ---
 13 packets transmitted, 13 received, 0% packet loss, time 12001ms
 rtt min/avg/max/mdev = 311.488/2854.064/5811.479/1812.388 ms, pipe 6
 pi@raspberrypi ~ $ ▐
```

Abbildung 68   Ping auf den Router im Fehlerfall

Erfahrungsgemäß ist die Stromversorgung beim Raspberry Pi recht heikel. Es
ist deshalb ratsam, die Versorgungsspannung des Raspberry Pi an den zwei
vorhandenen Testpunkten (TP1, TP2) zu überprüfen.

Abbildung 69 zeigt die Testpunkte an Hand eines Schaltungsausschnitts. Abbildung 70 zeigt die Lage der Testpunkte TP1 und TP2 auf dem Board.

Über TP1 und TP2 kann die über den USB-Anschluss oder anderweitig bereit-
gestellte Versorgungsspannung von 5 V DC gemessen werden. Bei der Messung mit einem Multimeter muss die Spannung bei einem Wert von
5.0 V +/- 0.25 V liegen.

Liegt die Versorgungsspannung außerhalb dieses Bereichs, dann liegt das in
der Regel an einer zu geringen Spannung am speisenden USB-Anschluss bzw.
an Spannungsabfällen auf der Zuleitung. Der Austausch des USB-Kabels kann
hier u.U. bereits Abhilfe schaffen.

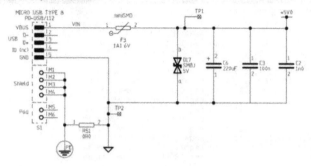

Abbildung 69 Testpunkte TP1 und TP2

Abbildung 70 Lage der Testpunkte auf dem Board

Zeigt das Multimeter einen normkonformen Wert der Versorgungsspannung (5 V +/- 0.25 V DC) an, dann ist das trotzdem noch keine hinreichende Bedingung für einen fehlerfreien Betrieb des Raspberry Pi. Kurzzeitige Abweichungen oder Spannungseinbrüche werden auf Grund der Mittelwertbildung beim Multimeter nicht angezeigt.

Ein häufiger Fall ist, dass angeschlossene USB-Geräte einen zu hohen Strombedarf haben. Der Raspberry Pi kann angeschlossene Geräte mit maximal 100 mA speisen. Tastaturen mit LCD, USB-Hubs und Backlights sind problematisch. Eine optische Maus benötigt ebenfalls mehr Strom als eine traditionelle. Abhilfe schafft ein gespeister USB-Hub, dessen Netzteil allerding ausreichend Strom liefern muss.

Um die Komponente herauszufinden, die ggf. die Störungen provoziert, kann man wiederum ein Ping starten und nacheinander nicht benötigte USB-Komponenten abstecken. In meinem Fall führte das Abstecken der optischen Maus bei offenbar zu schwachem Netzteil des USB-Hubs zum Erfolg. Abbildung 71 zeigt die Ping-Antwortzeiten nach dieser Maßnahme.

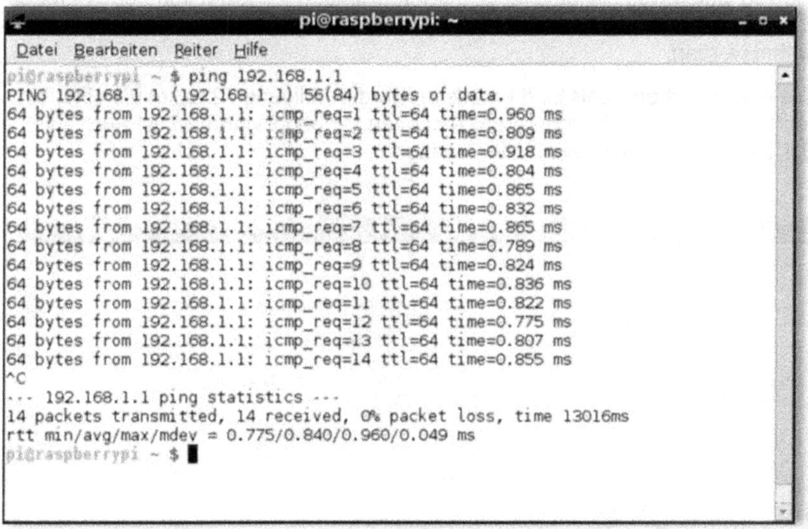

```
                           pi@raspberrypi: ~                          _ □ ×
Datei Bearbeiten Reiter Hilfe
pi@raspberrypi ~ $ ping 192.168.1.1
PING 192.168.1.1 (192.168.1.1) 56(84) bytes of data.
64 bytes from 192.168.1.1: icmp_req=1 ttl=64 time=0.960 ms
64 bytes from 192.168.1.1: icmp_req=2 ttl=64 time=0.809 ms
64 bytes from 192.168.1.1: icmp_req=3 ttl=64 time=0.918 ms
64 bytes from 192.168.1.1: icmp_req=4 ttl=64 time=0.804 ms
64 bytes from 192.168.1.1: icmp_req=5 ttl=64 time=0.865 ms
64 bytes from 192.168.1.1: icmp_req=6 ttl=64 time=0.832 ms
64 bytes from 192.168.1.1: icmp_req=7 ttl=64 time=0.865 ms
64 bytes from 192.168.1.1: icmp_req=8 ttl=64 time=0.789 ms
64 bytes from 192.168.1.1: icmp_req=9 ttl=64 time=0.824 ms
64 bytes from 192.168.1.1: icmp_req=10 ttl=64 time=0.836 ms
64 bytes from 192.168.1.1: icmp_req=11 ttl=64 time=0.822 ms
64 bytes from 192.168.1.1: icmp_req=12 ttl=64 time=0.775 ms
64 bytes from 192.168.1.1: icmp_req=13 ttl=64 time=0.807 ms
64 bytes from 192.168.1.1: icmp_req=14 ttl=64 time=0.855 ms
^C
--- 192.168.1.1 ping statistics ---
14 packets transmitted, 14 received, 0% packet loss, time 13016ms
rtt min/avg/max/mdev = 0.775/0.840/0.960/0.049 ms
pi@raspberrypi ~ $ █
```

Abbildung 71   Ordnungsgemäße Ping-Antwortzeiten

Fazit:

- Bei unzuverlässigem Betrieb oder dubiosen Fehlern nach Änderungen der Konfiguration sollte in jedem Fall die Versorgungsspannung überprüft werden.

- Einsatz eines Netzteils mit stabiler Versorgungsspannung von 5 V DC und einem zulässigen Strom von 1 A minimal.

- Verwendung von USB-Kabeln mit einem ausreichenden Querschnitt, um unnötige Spannungsabfälle zu vermeiden.

- (Stecker-) Netzteile kommen von den unterschiedlichsten Herstellern und halten nicht in jedem Fall die (aufgedruckten) Angaben sicher ein.

Im Zweifelsfall liefert der Ping-Test eine brauchbare Angabe über eine stabile Kommunikation und damit auch mittelbar über eine ausreichende Spannungsversorgung.

10. Anwendungen

In diesem Abschnitt werden wir eine Reihe von Anwendungsprogrammen betrachten, die die Einsatzmöglichkeiten des Raspberry Pi verdeutlichen sollen.

Zum Erstellen eigener Anwendungsprogramme hat Raspberry Pi bereits mächtige Tools an Bord. Vor allem sind hier die Shell, C/C++ und Python zu nennen, die von vielen Nutzern bevorzugt werden. Von den Vorteilen von Lua in Embedded Systems mit limitierten Ressourcen überzeugt, soll Lua ebenfalls kurz erwähnt werden.

Die erforderlichen Tools sind bereits an Bord. Abbildung 72 zeigt die eingesetzten Entwicklungstools und deren Versionen. Neben Python 2.7 ist auch Python 3.1.2 in der Raspbian Distribution verfügbar.

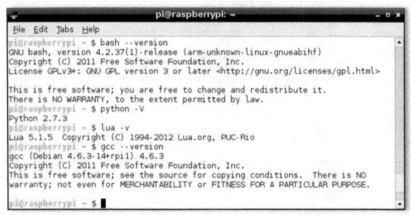

Abbildung 72 Eingesetzte Entwicklungstools und deren Versionen

Eine gute Zusammenstellung über die Möglichkeiten zum Programmieren für den Raspberry Pi ist im deutschsprachigen RaspberryCenter.de zu finden [6].

Zur einfacheren Orientierung bei den folgenden Anwendungsbeispielen wird in der jeweiligen Überschrift die verwendete Programmiersprache in der Form [Shell], [C], [Python] und [Lua] angegeben.

Alle Anwendungsprogramme werden auf der SourceForge Seite „Raspberry Pi Snippets" (http://sourceforge.net/projects/raspberrypisnip) zum Download bereitgestellt, so dass der Leser auf die fehlerträchtige Tipparbeit verzichten kann.

Die Anwendungsbeispiele sind so ausgewählt, wie sie beim Messen, Steuern und Automatisieren mit einem Linux basierten Controller in der Praxis auftreten können.

10.1 [Shell] - BoardInfo

Unser eingesetztes Linux stellt eine Menge von Informationen über das Gesamtsystem zur Verfügung, die mit z. B. Hilfe von Shell Kommandos abgefragt werden können.

Listing 2 zeigt ein Shell Script mit dessen Hilfe Informationen zur eingesetzten CPU und zur Linux-Version sowie die Laufzeit des Systems nach dem letzten Bootvorgang (uptime), der freie Speicher des Prozessors (free) und der Flash Card (df) sowie angeschlossenen USB Geräte (lsusb) angezeigt werden.

```
#!/bin/sh

echo "==================================================="
echo "Board Information"
echo "==================================================="
echo
echo "--- CPU Info ---------------------------------------"
cat /proc/cpuinfo
echo "--- Linux Version ----------------------------------"
uname -a
echo
echo "--- Uptime -----------------------------------------"
uptime
echo
echo "--- Memory Usage -----------------------------------"
free -m
df -h
echo
echo "--- USB --------------------------------------------"
lsusb -tv
```

Listing 2   Quelltext *boardinfo.sh*

Abbildung 73 zeigt Aufruf und Ausgabe des Shell Script *boardinfo.sh*.

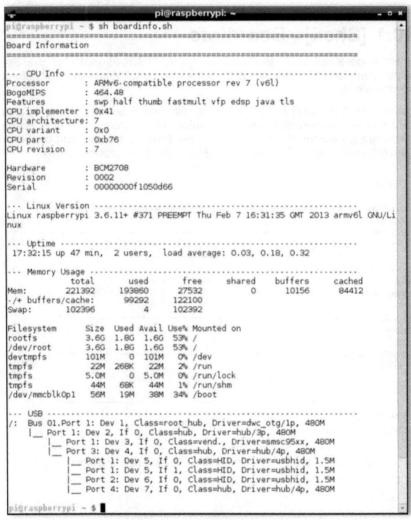

```
                              pi@raspberrypi: ~                          _ □ ✕
pi@raspberrypi ~ $ sh boardinfo.sh
=================================================================
Board Information
=================================================================

--- CPU Info ----------------------------------------------------
Processor        : ARMv6-compatible processor rev 7 (v6l)
BogoMIPS         : 464.48
Features         : swp half thumb fastmult vfp edsp java tls
CPU implementer  : 0x41
CPU architecture : 7
CPU variant      : 0x0
CPU part         : 0xb76
CPU revision     : 7

Hardware         : BCM2708
Revision         : 0002
Serial           : 00000000f1050d66

--- Linux Version -----------------------------------------------
Linux raspberrypi 3.6.11+ #371 PREEMPT Thu Feb 7 16:31:35 GMT 2013 armv6l GNU/Li
nux

--- Uptime ------------------------------------------------------
 17:32:15 up 47 min,  2 users,  load average: 0.03, 0.18, 0.32

--- Memory Usage ------------------------------------------------
             total      used      free    shared   buffers    cached
Mem:         221392    193860     27532         0     10156     84412
-/+ buffers/cache:       99292    122100
Swap:        102396         4    102392

Filesystem      Size  Used Avail Use% Mounted on
rootfs          3.6G  1.8G  1.6G  53% /
/dev/root       3.6G  1.8G  1.6G  53% /
devtmpfs        101M     0  101M   0% /dev
tmpfs            22M  268K   22M   2% /run
tmpfs           5.0M     0  5.0M   0% /run/lock
tmpfs            44M   68K   44M   1% /run/shm
/dev/mmcblk0p1   56M   19M   38M  34% /boot

--- USB ---------------------------------------------------------
/:  Bus 01.Port 1: Dev 1, Class=root_hub, Driver=dwc_otg/1p, 480M
    |__ Port 1: Dev 2, If 0, Class=hub, Driver=hub/3p, 480M
        |__ Port 1: Dev 3, If 0, Class=vend., Driver=smsc95xx, 480M
        |__ Port 3: Dev 4, If 0, Class=hub, Driver=hub/4p, 480M
            |__ Port 1: Dev 5, If 0, Class=HID, Driver=usbhid, 1.5M
            |__ Port 1: Dev 5, If 1, Class=HID, Driver=usbhid, 1.5M
            |__ Port 2: Dev 6, If 0, Class=HID, Driver=usbhid, 1.5M
            |__ Port 4: Dev 7, If 0, Class=hub, Driver=hub/4p, 480M

pi@raspberrypi ~ $ █
```

Abbildung 73   Screenshot *boardinfo.sh*

Die Angaben gemäss Abbildung 73 besagen, dass unser Raspberry Pi einen
ARMv6 kompatiblen Prozessor aufweist. Der BCM2835 SoC Multimedia Prozessor der Fa. Broadcom gehört in diese Familie.

Interessant ist die Angabe BogoMIPS: 464.48, die nicht zu falschen Schluss-
folgerungen verleiten sollte.

BogoMIPS ist ein im Linux-Kernel verwendetes Maß für die CPU-
Geschwindigkeit. Der Wert wird beim Booten ermittelt. In einer Kalibrierungs-

schleife wird die NOP Instruktion der CPU vermessen, um im Kernel klassische Busy-Wait Verzögerungsschleifen im Nanosekundenbereich korrekt realisieren zu können.

Der von Linus Torvald eingeführte Test zeigt schon im Namen, der vom englischen bogus (gefälscht, scheinbar) und dem Maß Millionen Instruktionen pro Sekunde (MIPS) abgeleitet wurde, dass es sich dabei nicht um ein wissenschaftlich klar definiertes Maß handelt.

Eine oft zitierte Definition ist „Die Anzahl der Millionen Wiederholungen pro Sekunde, die ein Prozessor in der Lage ist, absolut nichts zu tun".

Mittels BogoMIPS können also keine Leistungsvergleiche zwischen Prozessoren durchgeführt werden, dennoch sind solche Aussagen immer wieder im Netz zu finden.

Neben dem Raspberry Pi konnte ich diese Information noch von einigen anderen Geräten (Smartphones, Tablets) abfragen. Die Ergebnisse zeigt Tabelle 12.

Device	Processor	Family	BogoMIPS
Raspberry Pi	BCM2835	ARM11	464.48
HTC Desire	ARMv7 Processor rev 2 (v7l)	Cortex-A8	662.40
Archos 70 Internet	ARMv7 Processor rev 2 (v7l)	Cortex-A8	796.19
Samsung Galaxy S3	ARMv7 Processor rev 0 (v7l)	SMDK4x12	1592.52
Samsung Galaxy Tab10.1	ARMv7 Processor rev 0 (v7l)	--	1982.85

Tabelle 12   BogoMIPS verschiedener Linux-Devices

Als Hardware wird gemäß Abbildung 73 ein BCM2708 ausgegeben. Erwartet hätten wir hier einen BCM 2835. Das ist aber kein Widerspruch, denn BCM2708 bezeichnet die Familie und BCM2835 die konkrete Implementierung.

Die Hardware Revision (siehe hierzu Abschnitt 8.1) wird durch cat /proc/cpuinfo ebenfalls ausgegeben und ist in unserem Fall 0002. Es handelt sich hier also noch um eine Model B Rev. 1 mit 256 MB RAM.

Model and Pi Revision	Hardware Revision Code from cpuinfo
Model B Revision 1.0	0002
Model B Revision 1.0 + ECN0001 (no fuses, D14 removed)	0003
Model B Revision 2.0	0004, 0005, 0006

Tabelle 13   Raspberry Pi Hardware Revision

Beim hier vorliegenden Raspberry Pi ist ein Linux-Kernel Version 3.6.11+ installiert.

Das Kommando `uptime` zeigt, dass das System ca. 47 min nach dem letzten Reboot läuft. Mit `uptime` kann man deshalb sehr gut auf die Stabilität eines Systems rückschliessen. Zwei User sind angemeldet und mit `load average` bekommt man einen Hinweis auf die durchschnittliche CPU-Last des Systems. Die mittlere Last der letzten 1, 5 bzw. 15 min liegt bei 3%, 18% bzw. 32%.

Im nächsten Block werden der freie und benutzte Speicher des Systems gelistet, wie auch die vom Kernel verwendeten Pufferbereiche. Die Belegung der SD Card wird anschliessend gelistet.

Den Abschluss bildet die Anzeige über den USB und die angeschlossenen USB-Geräte.

Mit *top*, *htop* oder *nmon* hat man weitere Tools, die die Eigenschaften des Systems aufzeigen.

Mit *htop* lassen sich die laufenden Prozesse sowie deren Status und Ressourcenbedarf listen. Funktional ist *htop* mit *top* vergleichbar allerdings kann sowohl vertikal als auch horizontal gescrollt werden, was die Bedienung stark vereinfacht.

Die Raspbian Distribution hat *top* bereits an Board. Will man das komfortablere *htop* oder *nmon* einsetzen, dann muss das nachinstalliert werden.

```
$ sudo apt-get install htop        bzw.

$ sudo apt-get install nmon
```

Nmon ist ein starkes Tool, um das Systemverhalten zu visualisieren. (http://www.ibm.com/developerworks/aix/library/au-analyze_aix/). Die erhobenen Daten werden in einem Terminalfenster angezeigt und in einem einstellbaren Intervall (default 2 sec.) aktualisiert. Die zahlreichen Funktionen des Tools, die nicht gleichzeitig im Fenster dargestellt werden können, lassen sich über eine Hilfefunktion (h) zur Anzeige bringen. Aus den angebotenen Funktionen kann dann eine Auswahl getroffen werden.

Abbildung 74 zeigt die Anzeige der Linux- und Prozessordetails im oberen Teil und die CPU Nutzung im unteren Teil. In Abbildung 75 ist im oberen Teil wieder die CPU Nutzung angeordnet, während darunter Angaben zur Verwendung des Speichers und Kernel Statistik zu finden sind.

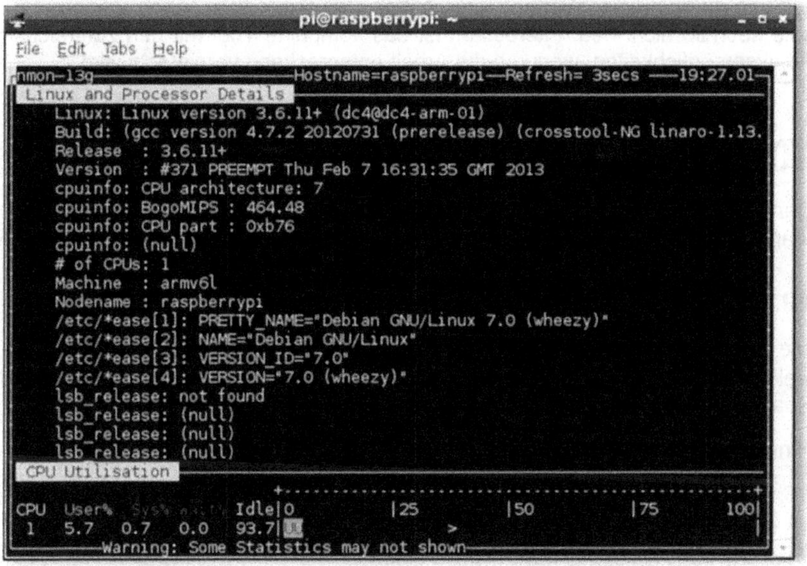

```
                          pi@raspberrypi: ~                          _ □ x
File  Edit  Tabs  Help
┌nmon─13g───────────────Hostname=raspberrypi──Refresh= 3secs ──19:27.01─┐
│ Linux and Processor Details                                          │
│    Linux: Linux version 3.6.11+ (dc4@dc4-arm-01)                     │
│    Build: (gcc version 4.7.2 20120731 (prerelease) (crosstool-NG linaro-1.13. │
│    Release  : 3.6.11+                                                │
│    Version  : #371 PREEMPT Thu Feb 7 16:31:35 GMT 2013              │
│    cpuinfo: CPU architecture: 7                                      │
│    cpuinfo: BogoMIPS : 464.48                                        │
│    cpuinfo: CPU part : 0xb76                                         │
│    cpuinfo: (null)                                                   │
│    # of CPUs: 1                                                      │
│    Machine  : armv6l                                                 │
│    Nodename : raspberrypi                                            │
│    /etc/*ease[1]: PRETTY_NAME="Debian GNU/Linux 7.0 (wheezy)"        │
│    /etc/*ease[2]: NAME="Debian GNU/Linux"                            │
│    /etc/*ease[3]: VERSION_ID="7.0"                                   │
│    /etc/*ease[4]: VERSION="7.0 (wheezy)"                             │
│    lsb_release: not found                                            │
│    lsb_release: (null)                                               │
│    lsb_release: (null)                                               │
│    lsb_release: (null)                                               │
│ CPU Utilisation                                                      │
│                      +...........................................+   │
│ CPU  User%  Sys% Wait%  Idle|0        |25      |50      |75      100| │
│  1   5.7    0.7   0.0   93.7| █                 >                  | │
│          ───Warning: Some Statistics may not shown──                 │
```

Abbildung 74   Linux- und Prozessordetails & CPU Nutzung

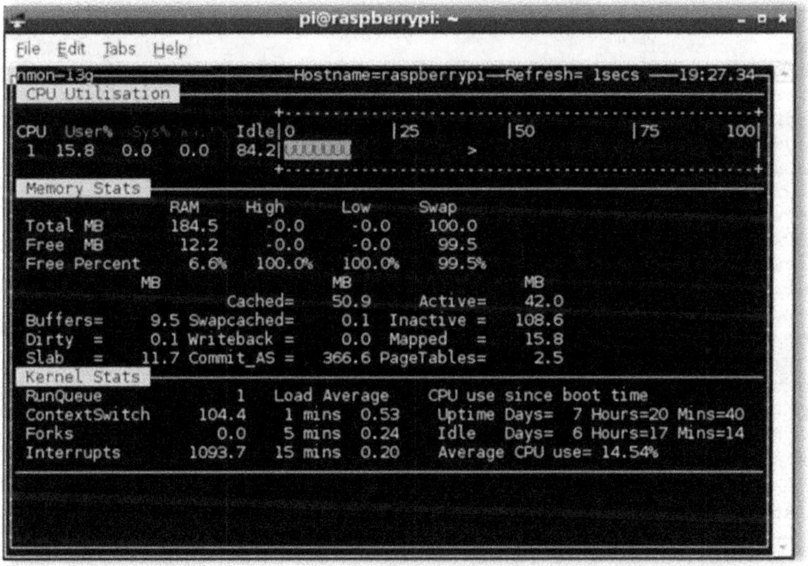

```
                          pi@raspberrypi: ~                          _ □ x
File  Edit  Tabs  Help
┌nmon─13g───────────────Hostname=raspberrypi──Refresh= 1secs ──19:27.34─┐
│ CPU Utilisation                                                      │
│                      +...........................................+   │
│ CPU  User%  Sys% Wait%  Idle|0        |25      |50      |75      100| │
│  1   15.8   0.0   0.0   84.2|█████████          >                 | │
│                      +...........................................+   │
│ Memory Stats                                                        │
│                  RAM      High      Low      Swap                    │
│ Total MB        184.5    -0.0     -0.0     100.0                     │
│ Free  MB         12.2    -0.0     -0.0      99.5                     │
│ Free Percent      6.6%  100.0%   100.0%     99.5%                    │
│              MB                  MB                  MB              │
│                        Cached=   50.9   Active=    42.0             │
│ Buffers=    9.5 Swapcached=   0.1  Inactive =   108.6               │
│ Dirty  =    0.1 Writeback =   0.0  Mapped   =    15.8               │
│ Slab   =   11.7 Commit_AS =  366.6 PageTables=     2.5              │
│ Kernel Stats                                                        │
│ RunQueue              1   Load Average    CPU use since boot time    │
│ ContextSwitch     104.4   1 mins  0.53   Uptime Days= 7 Hours=20 Mins=40 │
│ Forks               0.0   5 mins  0.24   Idle   Days= 6 Hours=17 Mins=14 │
│ Interrupts       1093.7  15 mins  0.20   Average CPU use= 14.54%    │
│                                                                     │
```

Abbildung 75   CPU Nutzung & Memory/Kernel Statistics

Die von *nmon* ausgegebenen Daten hatten wir vorher auch schon erhoben und sind deshalb nicht neu. Interessant ist das kompakte Tool mit den zahlreichen Analysemöglichkeiten, wodurch die Arbeit entsprechend vereinfacht wird.

10.2 System Informationen

Der Zustand des Linux-Systems selbst kann ebenfalls mit Hilfe von Shell Kommandos abgefragt werden.

10.2.1 [Shell] - SysInfo

Die *Raspbian* Distribution stellt ein Kommando vcgencmd zur Verfügung, mit welchem diverse Systemparameter, wie CPU-Temperatur, Taktfrequenzen und Spannungen verschiedener Komponenten abgefragt werden können.

Hinweise zur Verwendung des Kommandos vcgencmd sind unter http://elinux.org/RPI_vcgencmd_usage zu finden.

Im Shell Script *sysinfo.sh* (Listing 3) werden einige interessierende Parameter abgefragt, die auch den Status von Overclocking und Overvoltage ausweisen können.

```
#!/bin/sh
echo "============================================"
echo "System Info "
echo "============================================"
echo -n "Firmware Version:        "; vcgencmd version
echo ""
echo -n "CPU current Frequency:   "; vcgencmd measure_clock arm
echo -n "CORE current Frequency:  "; vcgencmd measure_clock core
echo -n "UART current frequency:  "; vcgencmd measure_clock uart
echo ""
echo -n "CORE current Voltage:    "; vcgencmd measure_volts core
echo -n "SDRAM_C current voltage: "; vcgencmd measure_volts sdram_c
echo -n "SDRAM_I current voltage: "; vcgencmd measure_volts sdram_i
echo -n "SDRAM_P current voltage: "; vcgencmd measure_volts sdram_p
echo ""
echo -n "CPU current Temperature: "; vcgencmd measure_temp
echo ""
echo "Codecs Status:"
vcgencmd codec_enabled H264
vcgencmd codec_enabled MPG2
vcgencmd codec_enabled WVC1
```
Listing 3   Quelltext *sysinfo.sh*

Abbildung 76 zeigt Aufruf und Ausgabe des Shell Scripts *sysinfo.sh*.

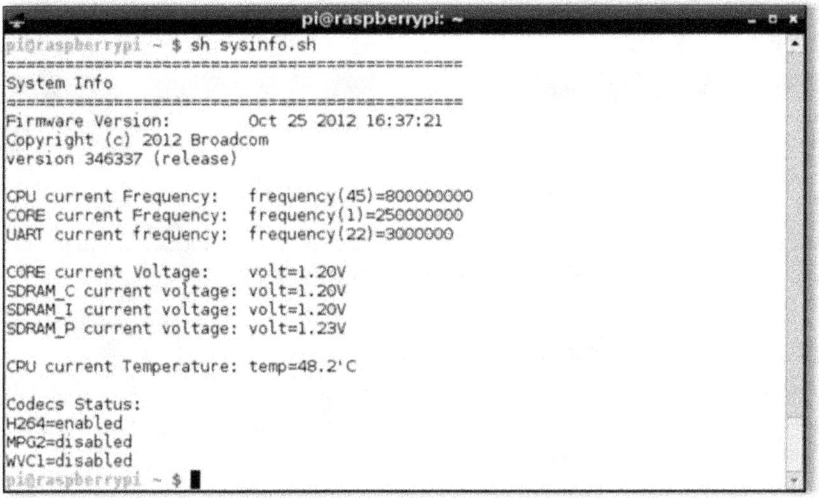

Abbildung 76 Screenshot *sysinfo.sh*

Nach Ausgabe verschiedener Frequenzen und Spannungen werden die aktuelle CPU Temperatur sowie Statusinformationen zu Codecs ausgegeben.

10.2.2 [Shell] – aktuelle CPU-Temperatur

Ein anderer Weg zur Ausgabe der aktuellen CPU-Temperatur führt über das sysfs Filesystem. Listing 4 zeigt ein kleines Shell Script *tempf.sh*, welches die in Milligrad abgespeicherte Temperatur in die Variable temperature liest und dann mit Hilfe des Linux Basic Calculators *bc* diesen Wert einer Gleitkomma-Division durch 1000 unterzieht und dann mit einer Nachkommastelle über die Console ausgibt.

Sollte der Calculator *bc* nicht vorhanden sein, dann kann dieser über den Aufruf

```
$ sudo apt-get install bc
```

nachinstalliert werden.

```
#!/bin/sh
# Measure Raspberry Pi Temperature
printf("Raspberry Pi CPU Temperature")
date
read temperature < /sys/class/thermal/thermal_zone0/temp
temperature=`echo "scale=1 ; $temperature/1000" | bc`
printf "Actual CPU temperature %3.1f grd C\n" $temperature
```

Listing 4 Quelltext *tempf.sh*

Abbildung 77 zeigt Aufruf und Ausgabe des Shell Scripts *tempf.sh*.

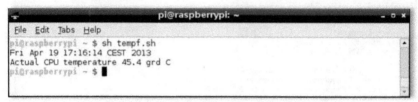

Abbildung 77   Screenshot *tempf.sh*

10.2.3   [Lua] – aktuelle CPU-Temperatur

Will man nicht extra den Calculator *bc* installieren, dann kann uns hier auch Lua weiterhelfen. Lua kann problemlos mit Gleitkomma-Zahlen umgehen. Listing 5 zeigt den Quelltext *temp.lua*.

```
print ("Raspberry Pi CPU Temperature")
print (os.date())

f = assert(io.open(string.format("/sys/class/thermal/thermal_zone0/temp", "r")))
value = f:read("*n")
f:close()

io.write ("Actual temperature ", (value/1000), " grd C\n")
```
Listing 5   Quelltext temp.lua

Abbildung 78 zeigt Aufruf und Ausgabe des Shell Scripts *temp.lua*.

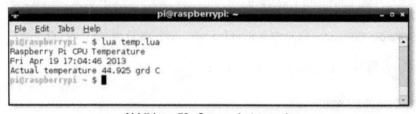

Abbildung 78   Screenshot *temp.lua*

10.2.4   [Shell] – aktuelle CPU-Frequenz

Das Paket *cpufrequtils* stellt Werkzeuge für die Kontrolle und Einstellung der CPU-Frequenz über die CPUFreq-Kernelschnittstellen in sysfs und procfs zur Verfügung.

Die Installation des Pakets erfolgt durch:

```
$ sudo apt-get install cpufrequtils
```

Bei der Konfiguration unseres Raspberry Pi war ich in Abschnitt 6.3 von moderatem Overclocking ausgegangen. Gemäss Abbildung 23 war für den CPU Clock ein Bereich von 700 bis 800 MHz (Modest) gewählt worden, weil auf Overvoltage verzichtet werden sollte.

Das Kommando `cpufreq-info -f` zeigt uns die aktuell eingestellte Taktfrequenz an und `cpufreq-info -l` den zu Verfügung stehenden Frequenzbereich.

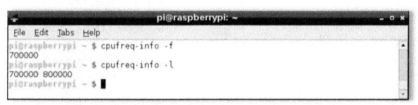

Abbildung 79 Screenshot *cpufreq-info*

Die automatische Frequenzanpassung kann durch Erzeugen von CPU-Last sehr einfach verifiziert werden.

Hierzu öffnet man beispielsweise drei Terminals. Als erstes starten wir *top* und die dadurch erzeugte CPU-Last liegt beispielsweise bei ca. 8%.

Im zweiten Terminal fragt man die eingestellte Taktfrequenz über den Aufruf

```
$ cpufreq-info –f
```

ab, die unter diesen Bedingungen bei 700 MHz liegt.

Wird nun im dritten Terminal durch das Kommando

```
$ md5sum < /dev/urandom
```

aus den vom Zufallszahlengenerator urandom zur Verfügung gestellten Zahlen eine MD5-Checksumme berechnet, dann zeigt uns *top*, dass allein durch `md5sum` die CPU-Last auf 92% steigt und die Frequenzabfrage zeigt dann eine auf 800 MHz hochgeschaltete Taktfrequenz.

Zusammengefasst heißt das, dass die Taktfrequenz der CPU lastabhängig gesteuert wird. Ist die CPU stark belastet, dann wird durch eine höhere Taktfrequenz mehr Performance zur Verfügung gestellt. Der durch die Konfiguration definierte Bereich des Overclocking wird dabei aber nicht überschritten.

10.3 [Shell] - Datum & Uhrzeit

Mit dem Linux-Kommando `date` wird die Systemzeit verwaltet.

Beim ersten Booten des Raspberry Pi wird in der Regel diese Zeit nicht richtig sein. Über das Kommando

```
$ sudo date -s „20 Feb 2013 18:30"
```

könnte die Uhr gestellt werden. Allerdings ist diese Uhrzeit nicht zwischenge-speichert und ginge nach einem Reboot verloren. Raspberry Pi selbst besitzt keine batteriegepufferte Echtzeituhr (RTC).

Betreiben wir unseren Raspberry Pi in einem Netzwerk, dann können während des Bootprozesses über das Network Time Protocol (NTP) die aktuelle Zeit von einem NTP Server abgefragt und über einen Cron Job die interne Zeit perio-disch (z.B. einmal am Tag) mit der vom NTP Server gelieferten Uhrzeit abgegli-chen werden.

Die Installation des NTP Dienstes erfolgt durch

```
$ sudo apt-get install ntp ntpdate fake-hwclock
```

Gemäß Abbildung 80 kann die Synchronisation mit dem NTP Server der Physi-kalisch-Technischen Bundesanstalt (PTB) in Braunschweig erfolgen.

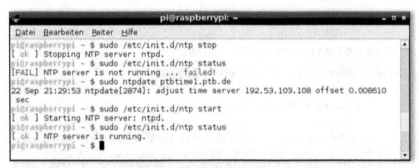

Abbildung 80 Synchronisation der Zeit „von Hand"

Da der Raspberry Pi keine batteriegepufferte RTC besitzt, wird beim Herunter-fahren des Systems die aktuelle Zeit nach */etc/fake-hwclock.data* geschrieben.

Bei einem Reboot wird diese (dann falsche) Zeit als Zeitbasis verwendet, bevor die Zeit durch eine erneute Synchronisation mit einem NTP Server wieder korrigiert ist.

Wer dennoch nicht auf eine RTC verzichten will, der findet unter [26] eine Anleitung zur Installation einer RTC Baugruppe auf Basis des I^2C-Bausteins DS1307.

10.4 [Shell] - Cron Jobs

Cron ist ein Daemon, mit dessen Hilfe bestimmte Vorgänge zu definierten Zeitpunkten automatisch ausgeführt werden können. Diese Vorgänge können einzelne Befehle, Shell-Scripts, Programme, PHP- und sonstige Scripts sein. Beispielsweise werden Backups, die täglich oder sogar stündlich geschehen sollen meist per Cronjob ausgeführt. Eine sehr gute Einführung zu Cronjobs ist unter [27] zu finden.

Wir wollen den Mechanismus der Cronjobs an Hand eines einfachen Beispiels betrachten. In Abschnitt 10.7.4 hatten wir u.a. das Kommando *uptime* kennen gelernt, mit dem die Laufzeit nach dem letzten Bootvorgang und die Systemauslastung ausgegeben wurden, wodurch Rückschlüsse auf das Systemverhalten möglich wurden. Mit diesem Kommando kann ein einfacher Shell Script *cronscript.sh* erstellt werden, welcher die Ausgabe von `uptime` in ein Logfile *cron.log* schreibt (Abbildung 81). Damit die jeweils aktuelle Ausgabe an das File angehängt wird, muss für die Umleitung in das File die Zeichenfolge „>>" verwendet werden. Würde man sich mit „>" begnügen, dann würde der alte Inhalt des Files stets überschrieben und man hätte immer nur den letzten Eintrag zur Verfügung.

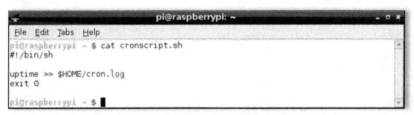

Abbildung 81 Quelltext *cronscript.sh*

Nach dem der eben erstellte Script ausführbar gemacht ist, kann er von den Kommandozeile aufgerufen werden.

```
$ chmod +x cronscript.sh
$ ./cronscript.sh
```

Wir wollen diesen Vorgang allerdings hier automatisieren und den Script *cronscript.sh* zu jeder vollen Stunde ausführen.

Hierzu bedient man sich einer Tabelle, die Crontab genannt wird und in der die einzelnen Cronjobs definiert und konfiguriert werden. Die Tabelle enthält pro Zeile den Zeitpunkt und die Befehlsfolge, die ausgeführt werden soll.

Zur Bearbeitung der *Crontab* genügt der Aufruf

```
$ crontab -e
```

und der Editor öffnet die Tabelle *Crontab* gemäß Abbildung 82. Nach zahlreichen Kommentarzeilen folgt als letzte Zeile unsere eigentliche Cronjob Definition nach folgendem Format:

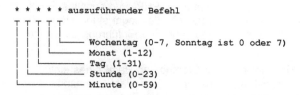

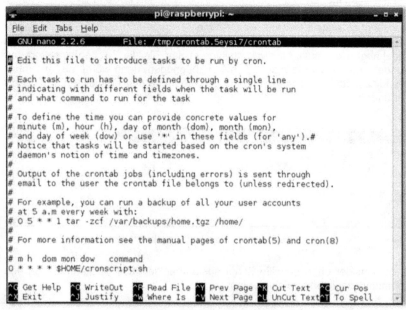

Abbildung 82   Crontab editieren

Der Eintrag in der Crontab nach Abbildung 82 ist mit diesem Wissen folgendermassen zu interpretieren:

Der Script *cronscript.sh* im Home Verzeichnis wird an jedem Wochentag, in jedem Monat, an jedem Tag, zu jeder Stunde zu Minute 0 aufgerufen. D.h. nichts anderes, als dass zu jeder vollen Stunde unser Script aufgerufen wird.

Eine Überprüfung des Logfile cron.log zeigt uns genau dieses Verhalten (Abbildung 83). Eine Ausnahme ist 15:38:07 zusehen. Diese wurde durch den Aufruf des Scripts beim Test aus der Kommandozeile hervorgerufen.

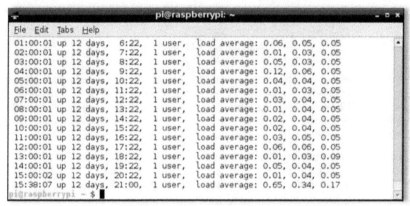

Abbildung 83   Logfile *cron.log*

10.5 Digitale Ein-/Ausgabe

Als Beispiel einer digitalen Ausgabe wollen wir eine an P1-7 angeschlossene LED ansteuern.

Da die GPIO Pins mit 3.3 V Pegeln direkt von der CPU getrieben werden, ist bei der Beschaltung entsprechend sorgfältig zu verfahren. Ein Widerstand von 270 Ω begrenzt den LED Strom der an P1-07 angeschlossenen LED auf einen Wert von ca. 5 mA. Abbildung 84 zeigt LED und Vorwiderstand an P1-7 des Raspberry Pi GPIO Anschlusses. Der hier angegebene LED-Typ ist unkritisch und kann durch nahezu jede LED kleiner Leistung ersetzt werden.

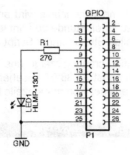

Abbildung 84   LED an P1-7

Hardware Devices werden unter Linux über spezielle Device Files oder Nodes angesprochen, die im Verzeichnis /dev abgelegt sind. Die Files können direkt gelesen und beschrieben werden, allerdings kommunizieren diese Files nicht mit Registern der Hardware selbst, sondern mit einem Kerneltreiber, der dann die Kommunikation mit der Hardware übernimmt.

Sysfs ist ein solches virtuelles Filesystem, welches Informationen über Devices und Treiber aufweist. Sysfs ist immer unter /sys gemounted. Im Verzeichnis /sys/class sind alle vorhandenen Devices eingetragen.

10.5.1 [Shell] – Digitale Ein-/Ausgabe

In Abschnitt 4.4 war bereits auf die digitale IO über Sysfs hingewiesen worden. Hier soll nun auf den Raspberry Pi konkret eingegangen werden. Für unser Raspberry Pi sieht das Verzeichnis gemäß Abbildung 85 aus.

Abbildung 85   Verzeichnis /sys/class

Um nun beispielsweise einen digitalen Ausgang zu schalten, ist dieser *Sysfs* mitzuteilen, indem die entsprechende ID exportiert wird. In Abschnitt 8.1 war die Zuordnung der IDs zu den betreffenden GPIO Anschlüssen für die unterschied-lichen Hardwarerevisionen gelistet worden.

Um beispielsweise P1-7 als Ausgang ansprechen zu können, muss ID 4 expor-tiert werden. Damit wird der Eintrag `gpio4` im Verzeichnis /sys/class/gpio er-zeugt.

Durch das Beschreiben von *direction* mit „high" wird dieser Pin als Ausgang konfiguriert und durch Beschreiben von *value* mit 1 oder 0 gesetzt (Hi) bzw. zurückgesetzt (Lo).

Durch `unexport` kann die Ressource wieder freigegeben werden und erscheint beim anschließenden `ls /sys/class/gpio` auch nicht mehr in der Auflistung. Abbildung 86 zeigt die eben beschriebenen Schritte im Screenshot.

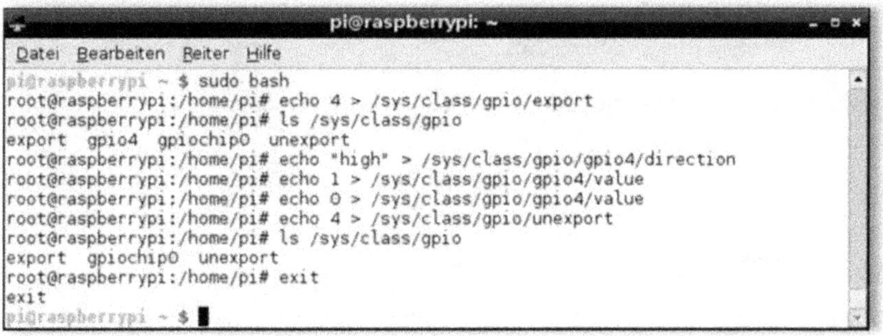

Abbildung 86   Digitale IO über Sysfs

Mit einem Shell Script gemäß Listing 6 können wir Terminalausgaben erzeugen und eine LED über ein GPIO Pin ansteuern.

```
#!/bin/sh
# Blink a LED connected to Raspberry Pi

GPIO=4 # P1-07 is GPIO4 on BCM2835
COUNT=10
i=0

echo "Hello World from Raspberry Pi"
echo "LED in GPIO4 (P1-07) will blink 10 times"

# Open GPIO port ("high" direction is output)
echo $GPIO > /sys/class/gpio/export
echo "high" > /sys/class/gpio/gpio$GPIO/direction

while [ $i -le $COUNT ]; do
  echo -n "*"
  i=$((i+1))
  echo 1 > /sys/class/gpio/gpio$GPIO/value
  sleep 1
  echo 0 > /sys/class/gpio/gpio$GPIO/value
  sleep 1
done
echo
```

```
echo $GPIO > /sys/class/gpio/unexport
echo "Bye."
```
Listing 6   Shell Script *blink.sh*

Der Aufruf des Shell Scripts *blink.sh* erfolgt dann durch

```
$ sudo sh blink.sh
```

Wenn das Script durch

```
$ chmod +x blink.sh
```

ausführbar bemacht wurde, dann kann der Aufruf auch durch

```
$ sudo ./blink.sh
```

erfolgen.

10.5.2   [C] - Digitale Ein-/Ausgabe

Das in Listing 6 gezeigte Shell Script *blink.sh* wollen wir hier durch ein C Programm nachbilden.

Mike McCauley hat eine C Library für GPIO und SPI für den Raspberry Pi entwickelt, die den Zugriff auf die GPIO Pins an der 26-poligen Stiftleiste des Raspberry Pi zur Ansteuerung externer Peripherie erlaubt.

Unter [28] stehen eine ausführliche Dokumentation der Bibliothek und einen Link zum Download der aktuellen Version zur Verfügung.

Die Installation der Version 1.25 erfolgt durch die folgenden Schritte:

```
$ wget http://www.airspayce.com/mikem/bcm2835/bcm2835-1.25.tar.gz
$ tar zxvf bcm2835-1.25.tar.gz
$ cd bcm2835-1.25
$ ./configure
$ make
$ sudo make check
$ sudo make install
```

Listing 7 zeigt den Quelltext des Programmbeispiels. Hinweise zur Compilation mit dem auf dem Raspberry Pi installierten C Compiler *gcc* sind im Kommentar zu Beginn des Quelltextes enthalten.

```
// blink.c
// as modified "Hello World" based on Mike's code below
// Claus Kuehnel (info@ckuehnel.ch)
//
// Example program for bcm2835 library
```

```c
// Blinks a pin on an off every 0.5 secs
//
// After installing bcm2835, you can build this
// with something like:
// gcc -o blink blink.c -l bcm2835
// sudo ./blink
//
// Or you can test it before installing with:
// gcc -o blink -I ../../src ../../src/bcm2835.c blink.c
// sudo ./blink
//
// Author: Mike McCauley (mikem@open.com.au)
// Copyright (C) 2011 Mike McCauley
// $Id: RF22.h,v 1.21 2012/05/30 01:51:25 mikem Exp $

#include <bcm2835.h>
#include <stdio.h>

// Blinks on RPi pin GPIO 07
#define PIN RPI_GPIO_P1_07
#define COUNT 10

int main(int argc, char **argv)
{
    int i = 0;

    // If you call this, it will not actually access the GPIO
    // Use for testing
    //    bcm2835_set_debug(1);

    if (!bcm2835_init())
        return 1;

    printf("Hello World from Raspberry Pi\n");
    printf("LED on GPIO04 (P1-07) will blink 10 times\n");

    // Set the pin to be an output
    bcm2835_gpio_fsel(PIN, BCM2835_GPIO_FSEL_OUTP);

    // Blink
    while (i < COUNT)
    {
        putchar('*');
        fflush(stdout);
        i++;

        // Turn it on
                bcm2835_gpio_write(PIN, HIGH);

                // wait a bit
                delay(1000);

                // turn it off
                bcm2835_gpio_write(PIN, LOW);
```

```
              // wait a bit
              delay(1000);
    }
    printf("\nBye.\n");
    return 0;
}
```
Listing 7   C Quelltext *blink.c*

Compilation und Aufruf des Programms *blink* zeigt Abbildung 87.

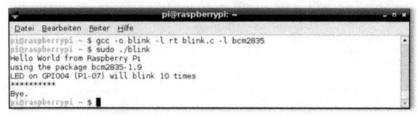

Abbildung 87   Compilation und Aufruf *blink*

10.5.3 [Python] - Digitale Ein-/Ausgabe

Die Raspberry Pi Stiftung hat Python als offizielle Lehrsprache für den Raspberry Pi ausgewählt. Diese Wahl ist insofern naheliegend, weil es sich um eine moderne, verbreitete (Tiobe Index 8 im Juli 2013), vielfältig einsetzbare und für alle gängigen Plattformen verfügbare Programmiersprache handelt (http://www.tiobe.com/index.php/content/paperinfo/tpci/index.html).

Um die im letzten Abschnitt gezeigte Funktionalität in Python abzubilden, bedient man sich der RPi.GPIO Python Library. Diese erlaubt einfaches Konfigurieren, Lesen und Schreiben der GPIO Pins des Raspberry Pi's mit einem Python Script. Download und Installation der RPi.GPIO Python Library ist in [29] beschrieben.

Listing 8 zeigt den Quelltext des Python Scripts *blink.py*.

```
# Blink a LED connected to the Raspberry Pi

import RPi.GPIO as GPIO
import time
import sys

print ("Hello World from Raspberry Pi")
print ("LED on GPIO4 (P1-07) will blink 10 times")

_GPIO_ = 4        # P1-07 is GPIO4 on BCM2835
COUNT = 10
i = 0
```

```
GPIO.setmode(GPIO.BCM)
GPIO.setup(_GPIO_, GPIO.OUT)

while i < COUNT:
    sys.stdout.write("*")
    sys.stdout.flush()
    i = i + 1
    GPIO.output(_GPIO_, True)
    time.sleep(1)
    GPIO.output(_GPIO_,False)
    time.sleep(1)
    print ("\nBye.")
```
Listing 8 Python Script *blink.py*

Der Aufruf des Python Scripts erfolgt in der Form:

```
$ sudo python blink.py
```

10.5.4 [Lua] - Digitale Ein-/Ausgabe

In Lua als einer Skriptsprache, die gerade in Embedded Systems in der Kombination mit C/C++ vorzufinden ist, lässt sich die hier betrachtete Funktionalität vergleichbar einfach abbilden.

Listing 9 zeigt den Quelltext des Lua Scripts *blink.lua*.

```
-- Blink a LED connected to the Raspberry Pi

io.write ("Hello World from Raspberry Pi\n")
io.write ("LED on GPIO4 (P1-07) will blink 10 times\n")

GPIO = 4        -- P1-07 is GPIO4 on BCM2835
COUNT = 10
i = 0

os.execute("echo " .. GPIO .. " > /sys/class/gpio/export")
os.execute("echo out > /sys/class/gpio/gpio" .. GPIO .. "/direction")

while (i < COUNT) do
    io.write("*") io.flush()
    i = i + 1
    os.execute("echo 1 > /sys/class/gpio/gpio"..GPIO.."/value")
    os.execute("sleep 1")
    os.execute("echo 0 > /sys/class/gpio/gpio"..GPIO.."/value")
    os.execute("sleep 1")
end

os.execute("echo "..GPIO.." > /sys/class/gpio/unexport")
io.write("\nBye.\n")
```
Listing 9 Lua Script *blink.lua*

117

Die Funktion `os.execute(command)` übergibt das betreffende Kommando zur Ausführung über eine Betriebssystem-Shell. Zurückgegeben wird ein Statuscode, der allerdings systemabhängig ist. Durch den Aufruf einer Shell für jeden Aufruf ist die Belastung der Ressourcen nicht unerheblich.

Eine alternative Quelltextvariante zeigt Listing 10.

```
-- Blink a LED connected to the Raspberry Pi

io.write ("Hello World from Raspberry Pi\n")
io.write ("LED on GPIO4 (P1-07) will blink 10 times\n")

GPIO = 4          -- P1-07 is GPIO4 on BCM2835
COUNT = 10
i = 0

-- os.execute("echo " .. GPIO .. " > /sys/class/gpio/export")
f = assert(io.open(string.format("/sys/class/gpio/export"), "w"))
f:write(string.format("%i\n", GPIO))
f:close()
-- os.execute("echo out > /sys/class/gpio/gpio" .. GPIO .. "/direction")
f = assert(io.open(string.format("/sys/class/gpio/gpio%i/direction",GPIO),
"w"))
f:write(string.format("%s\n", "out"))
f:close()

while (i < COUNT) do
   io.write("*") io.flush()
   i = i + 1
-- os.execute("echo 1 > /sys/class/gpio/gpio"..GPIO.."/value")
   f = assert(io.open(string.format("/sys/class/gpio/gpio%i/value",GPIO), "w"))
   f:write(string.format("%i\n", 1))
   f:close()
   os.execute("sleep 1")
-- os.execute("echo 0 > /sys/class/gpio/gpio"..GPIO.."/value")
   f = assert(io.open(string.format("/sys/class/gpio/gpio%i/value",GPIO), "w"))
   f:write(string.format("%i\n", 0))
   f:close()
   os.execute("sleep 1")
end

-- os.execute("echo "..GPIO.." > /sys/class/gpio/unexport")
f = assert(io.open(string.format("/sys/class/gpio/unexport"), "w"))
f:write(string.format("%i\n", GPIO))
f:close()
io.write("\nBye.\n")
```
Listing 10 Lua Script *blink2.lua*

Lua ist in der Raspbian Distribution in der Version 5.1 bereits enthalten und der Start der beiden Lua Scripts kann in der Form

```
$ sudo lua blink.lua        bzw.
$ sudo lua blink2.lua
```

erfolgen.

10.6 [Shell] – Ansteuerung RGB LED

LedBorg bezeichnet ein RGB LED Board für den Raspberry Pi, welches von Freeburn Robotics Limited entwickelt wurde. Neben dem LedBorg Board werden von diesem Hersteller weitere Robotic Zusatzboards für den Raspberry Pi angeboten (http://piborg.org/home).

Zur Ansteuerung der LED werden beim LedBorg Board die Anschlüsse GPIO17, GPIO21 (Rev.1) / GPIO27 (Rev. 2) und GPIO22 und die +5 V Spannungsversorgung sowie GND eingesetzt.

Je nach verwendeter Hardwareversion des Raspberry Pi Boards unterscheidet sich die Belegung von Anschluss P1-13 (siehe hierzu Abschnitt 8.1), was bei der zu installierenden Software berücksichtigt werden muss.

Abbildung 88 zeigt die Schaltung zur Ansteuerung für einen Farbkanal, wovon drei auf dem LedBorg Board (Abbildung 89) vorhanden sind.

Mit Hi am betreffenden GPIO Pin wird die zugehörige LED eingeschaltet. Lo schaltet die LED aus. Durch die Software des Treibers können aber drei Zustände eingestellt werden. Neben Hi und Lo ist durch eine PWM mit 50% Einschaltdauer (Duty) eine mittlere Helligkeit der eingeschalteten LED möglich.

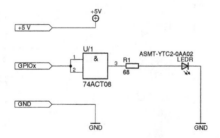

Abbildung 88   LED Ansteuerung (ein Kanal)

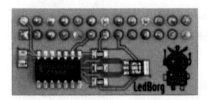

Abbildung 89 LedBorg

Die Software zur Ansteuerung des LedBorg Boards steht als ladbares Kernel-modul *ledborg.ko* zur Verfügung und kann in einem Paket passend zur jeweils eingesetzten Distribution von http://piborg.org/ledborg/install heruntergeladen werden.

Für die jeweils eingesetzte Distribution sind mehrere Pakete vorhanden. Für die hier verwendete Raspbian Distribution sieht das gemäss Tabelle 14 aus. Wird eine andere Linux-Distribution eingesetzt, dann findet man auf der erwähnten Website das passende Paket. Sollte es kein passendes Paket geben, dann können auch die Sources neu compiliert werden.

Wir arbeiten hier mit der Raspbian Distribution und einem Raspberry Pi Rev. 1. Die Kernelversion kann über das Kommando `uname -r` überprüft werden.

Die einzelnen Schritte zu Download und Installation der LedBorg Software sind in Abbildung 90 und Abbildung 91 gezeigt.

Linux - Distribution	Board Revision	Datum	Kernel-Version
Raspbian	Rev 2	2013-02-09	3.6.11+
		2012-12-16	3.2.27+
		2012-10-28	3.2.27+
		2012-08-16	3.1.9+
	Rev 1	2013-02-09	3.6.11+
		2012-12-16	3.2.27+
		2012-10-28	3.2.27+
		2012-08-16	3.1.9+

Tabelle 14 Von LedBorg unterstützte Distributionen (Ausschnitt für Raspbian)

```
                          pi@raspberrypi: ~/ledborg-setup                    _ □ ×
 File  Edit  Tabs  Help
 pi@raspberrypi ~ $ uname -r
 3.6.11+
 pi@raspberrypi ~ $ mkdir ledborg-setup
 pi@raspberrypi ~ $ cd ledborg-setup
 pi@raspberrypi ~/ledborg-setup $ wget -O setup.zip http://www.piborg.org/downloa
 ds/ledborg/raspbian-2013-02-09-rev1.zip
 --2013-03-29 12:48:55--  http://www.piborg.org/downloads/ledborg/raspbian-2013-0
 2-09-rev1.zip
 Resolving www.piborg.org (www.piborg.org)... 8.8.246.80
 Connecting to www.piborg.org (www.piborg.org)|8.8.246.80|:80... connected.
 HTTP request sent, awaiting response... 200 OK
 Length: 7007905 (6.7M) [application/x-zip-compressed]
 Saving to: `setup.zip'

 100%[=====================================>] 7,007,905    597K/s   in 14s

 2013-03-29 12:49:10 (478 KB/s) - `setup.zip' saved [7007905/7007905]

 pi@raspberrypi ~/ledborg-setup $ unzip setup.zip
 Archive:  setup.zip
   inflating: install.sh
   inflating: ledborg-service.sh
   inflating: ledborg.desktop
   inflating: ledborg.ko
   inflating: ledborg_gui
   inflating: ledborg_gui.ico
 pi@raspberrypi ~/ledborg-setup $ chmod +x install.sh
 pi@raspberrypi ~/ledborg-setup $ ./install.sh█
```

Abbildung 90   Download LedBorg Setup

```
                          pi@raspberrypi: ~/ledborg-setup                    _ □ ×
 File  Edit  Tabs  Help
 pi@raspberrypi ~/ledborg-setup $ ./install.sh
 Installing LedBorg, please wait...
 Error: Module ledborg is not currently loaded
 update-rc.d: using dependency based boot sequencing
 LedBorg installed, LedBorg should now be green
 pi@raspberrypi ~/ledborg-setup $ echo "222" > /dev/ledborg
 pi@raspberrypi ~/ledborg-setup $ echo "111" > /dev/ledborg
 pi@raspberrypi ~/ledborg-setup $ echo "100" > /dev/ledborg
 pi@raspberrypi ~/ledborg-setup $ echo "010" > /dev/ledborg
 pi@raspberrypi ~/ledborg-setup $ echo "001" > /dev/ledborg
 pi@raspberrypi ~/ledborg-setup $ █
```

Abbildung 91   Installation und Test LedBorg

Der erste Hinweis auf eine erfolgreiche Installation der LedBorg Software ist das grüne Leuchten der RGB LED. Es schliessen sich einige Tests an, die darin bestehen, eine Zahlenkombination in das File */dev/ledborg* zu schreiben.

Aus den im Test verwendeten RGB Farbkombinationen nach Tabelle 15 lassen sich Rückschlüsse auf alle 27 Farbkombinationen ziehen.

R	G	B	Farbe	Intensität
2	2	2	Weiss	100%
1	1	1	Weiss	50%
1	0	0	Rot	50%
0	1	0	Grün	50%
0	0	1	Blau	50%
0	0	0	-	0

Tabelle 15   RGB Farbkombinationen

Die Installation eines Shell Scripts, welches eine zufällige Farbkombination erzeugt und in das File */dev/ledborg* schreibt, zeigt Abbildung 92.

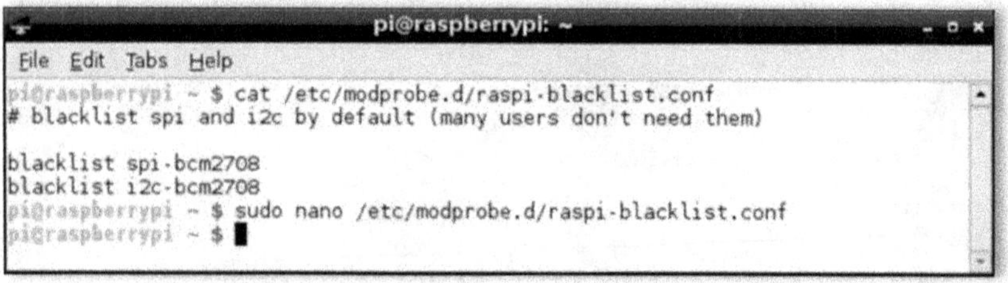

Abbildung 92   Installation Script *random-colours.sh*

Listing 11 zeigt den Script *random-colours.sh*, der in einer Endlos-Schleife drei Zufallswerte im Bereich von 0 bis 2 erzeugt und diese den Farben Rot (red), Grün (green) und Blau (blue) zuordnet. Diese Farbwerte werden in der Variablen `colour` zusammengefasst und in das File */dev/ledborg* geschrieben. Nach einer Wartezeit von 1 sec wiederholt sich der ganze Vorgang.

```
#!/bin/bash

# Loop indefinitely
while [ 1 ]; do
    red=`shuf -i 0-2 -n 1`    # Generate a value for red between 0 and 2 incl.
    green=`shuf -i 0-2 -n 1`  # Generate a value for green between 0 and 2 incl.
    blue=`shuf -i 0-2 -n 1`   # Generate a value for blue between 0 and 2 incl.
    colour="${red}${green}${blue}"  # Create a text string of the form "RGB"
from our random values
    echo $colour > /dev/ledborg # Write the colour string to the LedBorg device
    sleep 1                     # Wait for 1 second
done
```

Listing 11   Quelltext *random-colours.sh*

Abschliessend zeigt Tabelle 16 noch, wie der LedBorg Treiber aktiviert und deaktiviert werden kann und ob er während des Bootprozesses automatisch geladen werden soll. Die Farbe der LED nach dem Booten kann ebenfalls vorgegeben werden.

Funktion	Kommando
Starten des LedBorg Treibers	sudo /etc/init.d/ledborg.sh start
Stoppen des LedBorg Treibers	sudo /etc/init.d/ledborg.sh stop
Enable Autoload des LedBorg Treibers	sudo update-rc.d ledborg.sh default 100
Disable Autoload des LedBorg Treibers	sudo update-rc.d ledborg.sh remove
Bootcolor setzen	echo "RGB" > /home/pi/ledborg_bootcolour

Tabelle 16   Aktivieren/Deaktivieren der LedBorg Treibers

10.7 SPI und I²C

Zur Anbindung externer Peripherie sind SPI und I²C bevorzugte Interfaces, da sie nur weniger Verbindungen bedürfen.

Das SPI-Interface dient dem Anschluss externer Hardware, wie Serial-Parallel-Umsetzer zur I/O-Erweiterung sowie Bausteinen zur AD- bzw. DA-Umsetzung. Abbildung 93 zeigt in einem Blockschema beispielhaft einen SPI-Master und drei SPI-Slaves.

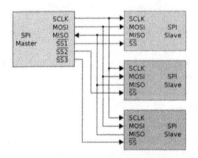

Abbildung 93   SPI Interface (© Cburnett [cc] BY-SA)

Als SPI Master fungiert in der Regel der Raspberry Pi und als Slaves können verschiedene Bausteine dienen. In den folgenden Anwendungsbeispielen werden wir noch einige kennen lernen.

Der SPI Master stellt Slave Select Signale /SSi bereit, die zur Adressierung der Slaves verwendet werden, und den Clock SCLK. Bei einem Datentransfer werden durch SCLK getaktet bitweise Daten vom Master zum Slave geschoben und gleichzeitig Daten durch den Master vom Slave empfangen. Beim Datenaustausch über den SPI Bus handelt es sich um einen bidirektionalen Datenaustausch.

Der I^2C-Bus wurde von Philips für die Datenübertragung zwischen unterschiedlichen Bausteinen, wie EEPROMs, RAMs, AD- und DA-Umsetzern, RTCs u.a.m. und Mikrocontrollern, in einer vernetzten Umgebung entwickelt. Das Protokoll erlaubt die Verbindung von bis zu 128 unterschiedlichen Bausteinen (Devices) mit Hilfe einer Zwei-Draht-Leitung. Die Adressierung der einzelnen Teilnehmer im Netzwerk erfolgt über das Protokoll. An externen Komponenten werden nur zwei PullUp-Widerstände benötigt.

Abbildung 94 zeigt in einem Blockschema beispielhaft einen I^2C-Master und drei I^2C–Slaves (AD-Converter, DA-Converter, Mikrocontroller). Der I^2C-Master wird wiederum durch den Raspberry Pi gebildet.

Die Leitungen SDA und SCL, über PullUp-Widerstände an die Betriebsspannung V_{CC} geführt, verbinden alle Mitglieder des Netzwerks. In einem I^2C-Bus Netzwerk können verschiedene Master mit verschiedenen Slaves verbunden werden (Multi-Master System).

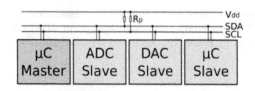

Abbildung 94 I^2C Interface (© Cburnett [(cc) BY-SA])

Die zu realisierenden Peripheriefunktionen sind bausteinspezifisch. Neben den von zahlreichen Herstellern angebotenen EEPROMs und RAMs gibt es eine Vielfalt von weiteren I^2C-Bus Bausteinen. Eine sehr nützliche Übersicht zu I^2C-Bus Bausteinen gibt es unter www.rn-wissen.de/index.php/I2C_Chip-%C3%9Cbersicht.

Die aktuelle Raspbian Distribution unterstützt beide Interfaces, die allerdings separat enabled werden müssen.

Durch Eingabe von

```
$ sudo modprobe spi-bcm2708
$ sudo modprobe i2c-bcm2708
```

werden die beiden Treiber geladen, stehen aber nur bis zum nächsten Reboot zur Verfügung.

Will man den Treiber nach dem Bootprozess automatisch zur Verfügung haben, dann ist er durch die folgenden Schritte von der Blacklist zu entfernen. Im File *raspi-blacklist.conf* sind die Treiber gelistet, die beim Bootprozess nicht geladen werden sollen.

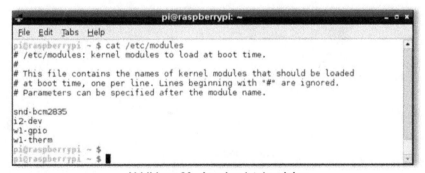

```
pi@raspberrypi: ~                                      _ □ x
File  Edit  Tabs  Help
pi@raspberrypi ~ $ cat /etc/modprobe.d/raspi-blacklist.conf
# blacklist spi and i2c by default (many users don't need them)

blacklist spi-bcm2708
blacklist i2c-bcm2708
pi@raspberrypi ~ $ sudo nano /etc/modprobe.d/raspi-blacklist.conf
pi@raspberrypi ~ $ ▮
```

Abbildung 95   Anzeige *raspi-blacklist.conf*

Wenn unser Raspberry Pi über SPI und/oder I^2C kommunizieren soll, dann muss der betreffende Eintrag im File *raspi-blacklist.conf* durch Voranstellen eines Hashs (#) auskommentiert werden. Mit einem Editor können die Änderungen im File *raspi-blacklist.conf* folgendermassen vorgenommen werden:

```
#blacklist spi-bcm2708
#blacklist i2c-bcm2708
```

Im nächsten Schritt ist im File */etc/modules* das Kernelmodul i2c-dev einzutragen, damit es beim Booten automatisch geladen wird. Abbildung 96 zeigt den vorgenommenen Eintrag.

```
pi@raspberrypi: ~                                      _ □ x
File  Edit  Tabs  Help
pi@raspberrypi ~ $ cat /etc/modules
# /etc/modules: kernel modules to load at boot time.
#
# This file contains the names of kernel modules that should be loaded
# at boot time, one per line. Lines beginning with "#" are ignored.
# Parameters can be specified after the module name.

snd-bcm2835
i2-dev
w1-gpio
w1-therm
pi@raspberrypi ~ $
pi@raspberrypi ~ $ ▮
```

Abbildung 96   Anzeige */etc/modules*

Zum Abschluss der vorbereitenden Arbeiten installieren wir noch das Paket *i2c-tools*, welches wir im Abschnitt 10.7.3 einsetzen werden. Den User pi fügen wir noch der Gruppe i2c hinzu, damit für den Zugriff auf die *i2c-tools* keine Root-Rechte erforderlich sind.

```
$ sudo apt-get install i2c-tools
$ sudo adduser pi i2c
```

Nach dem Abspeichern und einem Reboot stehen nunmehr SPI- und I^2C-Funktionalität zur Verfügung.

10.7.1 [C] – SPI Test

Die aktuelle Raspbian Distribution unterstützt bereits Hardware-SPI. Wir können diese Vorbedingungen leicht überprüfen, in dem wir die SPI Einträge im Verzeichnis /dev mit dem Kommando `ls` suchen.

```
$ ls /dev/spi*
/dev/spidev0.0 /dev/spidev0.1
```

Bei ordnungsgemäßer Installation des Treibers finden wir die beiden Devices *spidev0.0* und *spidev0.1*.

Das Device *spidev0.0* bedient neben den Pins SPI_MISO, SPI_MOSI und SPI_CLK gemäß Tabelle 9 den Chip Select SPI_CSEN0. Dem Device *spidev0.1* ist dementsprechend SPI_CSEN1 zugeordnet.

Verbindet man SPI_MOSI und SPI_MISO gemäss Abbildung 97, dann können gesendete Bytes direkt zurück gelesen werden. Für Testzwecke ist das eine gute Option, die eine funktionierende Interface-Implementierung sicherstellt, bevor die Hardware angeschlossen wird.

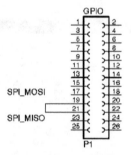

Abbildung 97 SPI Test

Listing 12 zeigt den Quelltext des SPI Testprogramms *spidev_test.c*. Ein Hinweis zur Compilation mit dem auf dem Raspberry Pi installierten C Compiler *gcc* ist im Kommentar zu Beginn des Quelltextes enthalten.

```
/*
 * SPI testing utility (using spidev driver)
 *
 * Copyright (c) 2007  MontaVista Software, Inc.
 * Copyright (c) 2007  Anton Vorontsov <avorontsov@ru.mvista.com>
 *
 * This program is free software; you can redistribute it and/or modify
 * it under the terms of the GNU General Public License as published by
 * the Free Software Foundation; either version 2 of the License.
 *
 * Compile on Raspberry Pi with gcc spidev_test.c -o spidev_test
 */

#include <stdint.h>
#include <unistd.h>
#include <stdio.h>
#include <stdlib.h>
#include <getopt.h>
#include <fcntl.h>
#include <sys/ioctl.h>
#include <linux/types.h>
#include <linux/spi/spidev.h>

#define ARRAY_SIZE(a) (sizeof(a) / sizeof((a)[0]))

static void pabort(const char *s)
{
    perror(s);
    abort();
}

static const char *device = "/dev/spidev0.0";
static uint8_t mode;
static uint8_t bits = 8;
static uint32_t speed = 500000;
static uint16_t delay;

static void transfer(int fd)
{
    int ret;
    uint8_t tx[] = {
        0xFF, 0xFF, 0xFF, 0xFF, 0xFF, 0xFF,
        0x40, 0x00, 0x00, 0x00, 0x00, 0x95,
        0xFF, 0xFF, 0xFF, 0xFF, 0xFF, 0xFF,
        0xFF, 0xFF, 0xFF, 0xFF, 0xFF, 0xFF,
        0xFF, 0xFF, 0xFF, 0xFF, 0xFF, 0xFF,
        0xDE, 0xAD, 0xBE, 0xEF, 0xBA, 0xAD,
        0xF0, 0x0D,
    };

    uint8_t rx[ARRAY_SIZE(tx)] = {0, };

    struct spi_ioc_transfer tr = {
        .tx_buf = (unsigned long)tx,
        .rx_buf = (unsigned long)rx,
```

```
            .len = ARRAY_SIZE(tx),
            .delay_usecs = delay,
            .speed_hz = speed,
            .bits_per_word = bits,
        };

        ret = ioctl(fd, SPI_IOC_MESSAGE(1), &tr);
        if (ret < 1)
            pabort("can't send spi message");

        for (ret = 0; ret < ARRAY_SIZE(tx); ret++) {
            if (!(ret % 6))
                puts("");
            printf("%.2X ", rx[ret]);
        }
        puts("");
}

static void print_usage(const char *prog)
{
        printf("Usage: %s [-DsbdlHOLC3]\n", prog);
        puts("  -D --device   device to use (default /dev/spidev0.0)\n"
            "  -s --speed    max speed (Hz)\n"
            "  -d --delay    delay (usec)\n"
            "  -b --bpw      bits per word \n"
            "  -l --loop     loopback\n"
            "  -H --cpha     clock phase\n"
            "  -O --cpol     clock polarity\n"
            "  -L --lsb      least significant bit first\n"
            "  -C --cs-high  chip select active high\n"
            "  -3 --3wire    SI/SO signals shared\n");
        exit(1);
}

static void parse_opts(int argc, char *argv[])
{
        while (1) {
            static const struct option lopts[] = {
                { "device",  1, 0, 'D' },
                { "speed",   1, 0, 's' },
                { "delay",   1, 0, 'd' },
                { "bpw",     1, 0, 'b' },
                { "loop",    0, 0, 'l' },
                { "cpha",    0, 0, 'H' },
                { "cpol",    0, 0, 'O' },
                { "lsb",     0, 0, 'L' },
                { "cs-high", 0, 0, 'C' },
                { "3wire",   0, 0, '3' },
                { "no-cs",   0, 0, 'N' },
                { "ready",   0, 0, 'R' },
                { NULL, 0, 0, 0 },
            };
            int c;

            c = getopt_long(argc, argv, "D:s:d:b:lHOLC3NR", lopts, NULL);
```

```c
        if (c == -1)
            break;

        switch (c) {
        case 'D':
            device = optarg;
            break;
        case 's':
            speed = atoi(optarg);
            break;
        case 'd':
            delay = atoi(optarg);
            break;
        case 'b':
            bits = atoi(optarg);
            break;
        case 'l':
            mode |= SPI_LOOP;
            break;
        case 'H':
            mode |= SPI_CPHA;
            break;
        case 'O':
            mode |= SPI_CPOL;
            break;
        case 'L':
            mode |= SPI_LSB_FIRST;
            break;
        case 'C':
            mode |= SPI_CS_HIGH;
            break;
        case '3':
            mode |= SPI_3WIRE;
            break;
        case 'N':
            mode |= SPI_NO_CS;
            break;
        case 'R':
            mode |= SPI_READY;
            break;
        default:
            print_usage(argv[0]);
            break;
        }
    }
}

int main(int argc, char *argv[])
{
    int ret = 0;
    int fd;

    parse_opts(argc, argv);
    fd = open(device, O_RDWR);
```

```
if (fd < 0)
    pabort("can't open device");
/*
 * spi mode
 */
ret = ioctl(fd, SPI_IOC_WR_MODE, &mode);
if (ret == -1)
    pabort("can't set spi mode");

ret = ioctl(fd, SPI_IOC_RD_MODE, &mode);
if (ret == -1)
    pabort("can't get spi mode");

/*
 * bits per word
 */
ret = ioctl(fd, SPI_IOC_WR_BITS_PER_WORD, &bits);
if (ret == -1)
    pabort("can't set bits per word");

ret = ioctl(fd, SPI_IOC_RD_BITS_PER_WORD, &bits);
if (ret == -1)
    pabort("can't get bits per word");

/*
 * max speed hz
 */
ret = ioctl(fd, SPI_IOC_WR_MAX_SPEED_HZ, &speed);
if (ret == -1)
    pabort("can't set max speed hz");

ret = ioctl(fd, SPI_IOC_RD_MAX_SPEED_HZ, &speed);
if (ret == -1)
    pabort("can't get max speed hz");

printf("spi device: %s\n", device);
printf("spi mode: %d\n", mode);
printf("bits per word: %d\n", bits);
printf("max speed: %d Hz (%d KHz)\n", speed, speed/1000);

transfer(fd);
close(fd);
return ret;
}
```

Listing 12 Quelltext *spidev_test.c*

Compilation und Aufruf des Programms *spidev_test* zeigt Abbildung 98. Bei Aufruf des Programms *spidev_test* werden 38 Zeichen mit einer Übertragungsrate von 500 kHz gesendet und empfangen.

Durch Lösen der Verbindung von SPI_MOSI und SPI_MISO kann man sich leicht von der (dann nicht mehr gegebenen) Funktionsfähigkeit des Interfaces überzeugen. Bei Eingabe eines nicht gültigen Parameters wird ein Hinweis zu den gültigen Parametern ausgegeben.

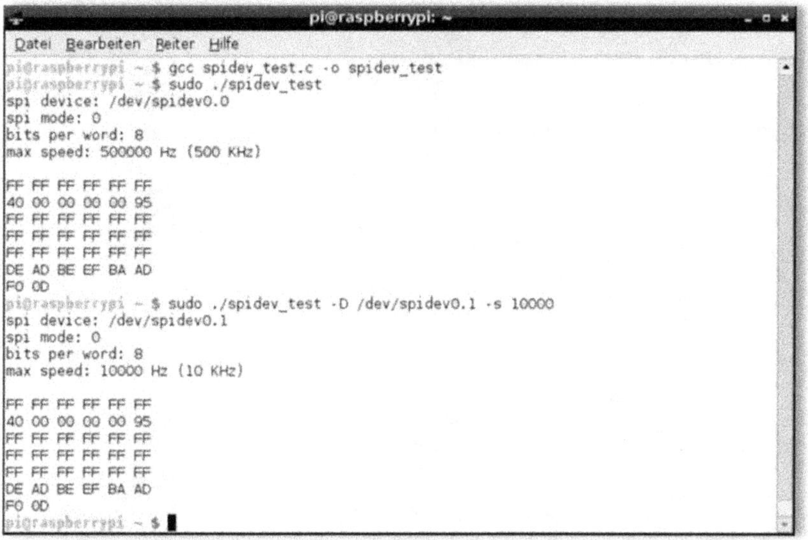

Abbildung 98   Compilation und Aufruf *spidev_test*

Beim ersten Aufruf des Programms *spidev_test* wird mit den Defaultwerten gearbeitet. Beim zweiten Aufruf wird über die Option –D der Chip Select CSEN1 an Stelle des CSEN0 aktiviert und durch die Option –s die Übertragungsrate auf 10 kHz reduziert. Abbildung 98 zeigt die unterschiedlichen Aufrufvarianten.

Für einfache Testzwecke wurde das Programm *spi.c* erstellt. Listing 13 zeigt den Quelltext dieses Programmbeispiel. Hinweise zur Compilation mit dem auf dem Raspberry Pi installierten C Compiler *gcc* sind im Kommentar zu Beginn des Quelltextes enthalten.

```
// spi.c
// modified for hardware-loop (connect MISO to MOSI) based on Mike's code below
// Claus Kuehnel (info@ckuehnel.ch)
//
// Example program for bcm2835 library
// Shows how to interface with SPI to transfer a byte to and from an SPI device
//
// After installing bcm2835, you can build this
// with something like:
// gcc -o spi  -l rt spi.c -l bcm2835
// sudo ./spi
//
// Or you can test it before installing with:
// gcc -o spi  -l rt -I ../../src ../../src/bcm2835.c spi.c
```

```
// sudo ./spi
//
// Author: Mike McCauley (mikem@open.com.au)
// Copyright (C) 2012 Mike McCauley
// $Id: RF22.h,v 1.21 2012/05/30 01:51:25 mikem Exp $

#include <bcm2835.h>
#include <stdio.h>

int main(int argc, char **argv)
{
    char data;

    // If you call this, it will not actually access the GPIO
    // Use for testing
    // bcm2835_set_debug(1);

    if (!bcm2835_init())
    return 1;

    bcm2835_spi_begin();
    bcm2835_spi_setBitOrder(BCM2835_SPI_BIT_ORDER_MSBFIRST);    // The default
    bcm2835_spi_setDataMode(BCM2835_SPI_MODE0);                 // The default
    bcm2835_spi_setClockDivider(BCM2835_SPI_CLOCK_DIVIDER_65536); // The default
    bcm2835_spi_chipSelect(BCM2835_SPI_CS0);                    // The default
    bcm2835_spi_setChipSelectPolarity(BCM2835_SPI_CS0, LOW);    // the default

    // Send a byte to the slave and simultaneously read a byte back from the slave
    // If you tie MISO to MOSI, you should read back what was sent
    data = atoi(argv[1]);
    printf("Send to   SPI: %02X\n", data);
    data = bcm2835_spi_transfer(data);
    printf("Read from SPI: %02X\n", data);

    bcm2835_spi_end();
    return 0;
}
```

Listing 13   Quelltext *spi.c*

Compilation und Aufruf des Programms *spi* zeigt Abbildung 99. Das beim Aufruf übergebene Argument (0 – 255) wird vom SPI Master gesendet und durch den Kurzschluss auch wieder empfangen.

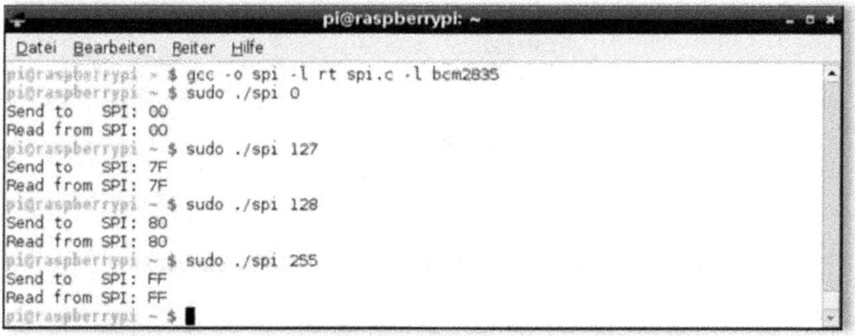

```
                    pi@raspberrypi: ~                           _ □ ×
 Datei  Bearbeiten  Reiter  Hilfe
 pi@raspberrypi ~ $ gcc -o spi -l rt spi.c -l bcm2835
 pi@raspberrypi ~ $ sudo ./spi 0
 Send to    SPI: 00
 Read from SPI: 00
 pi@raspberrypi ~ $ sudo ./spi 127
 Send to    SPI: 7F
 Read from SPI: 7F
 pi@raspberrypi ~ $ sudo ./spi 128
 Send to    SPI: 80
 Read from SPI: 80
 pi@raspberrypi ~ $ sudo ./spi 255
 Send to    SPI: FF
 Read from SPI: FF
 pi@raspberrypi ~ $ ▊
```

Abbildung 99   Compilation und Aufruf SPI

10.7.2 [C] - AD-Umsetzer MCP3208 am SPI

Mit Hilfe des im letzten Abschnitt vorgestellten SPI-Treibers wollen wir nun den AD-Umsetzer MCP3208 von Microchip mit dem Raspberry Pi verbinden.

Beim MCP3208 handelt es sich um einen 12-Bit AD-Umsetzer mit acht analogen Eingängen. Die analogen Eingänge sind konfigurierbar als „single-ended" (massebezogen) oder „pseudo-differential". Die Sample&Hold-Stufe befindet sich auf dem Chip.

Für den Einsatz mit dem Raspberry Pi interessant ist der Betriebsspannungsbereich von 2,7 – 5,5 V. Der MCP3208 kann also direkt an der 3,3 V Betriebsspannung des Raspberry Pi betrieben werden. Für den SPI-Bus kann dann auch auf Pegelwandler verzichtet werden. Beim SPI-Interface werden die Modes (0,0) und (1,1) unterstützt.

Während bei einer Betriebsspannung von 5 V die maximale Erfassungsrate bei 100'000 Umsetzungen pro Sekunde (ksps) liegt, reduziert sich diese bei einer Betriebsspannung von nur noch 2,7 V auf 50 ksps.

Für den nichtprofessionellen Anwender ist es wichtig, dass der MCP3208 neben SOIC- und TSSOP-Gehäusen auch in einem traditionellen PDIP-Gehäuse angeboten wird. So kann dieser Baustein für einen experimentellen Aufbau einfach auf ein Steckbrett gesteckt werden. Abbildung 100 zeigt die Pinbelegung des MCP3208 im PDIP-Gehäuse.

133

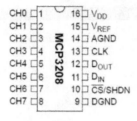

Abbildung 100   MCP3208 Pinbelegung (PDIP-Gehäuse)

Das Blockschema des MCP3208 zeigt Abbildung 101.

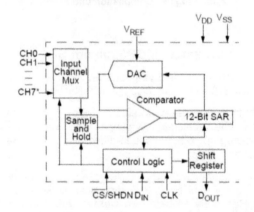

Abbildung 101   MCP3208 Blockschema

Die acht analogen Eingänge werden über einen Multiplexer an die Sample&Hold-Stufe geführt. Diese stellt die Eingangsspannung für den nach dem Verfahren der sukzessiven Approximation arbeitenden AD-Umsetzer bereit. Gesteuert wird die Umsetzung durch eine Control Logic, über die auch die SPI-Kommunikation mit dem angeschlossenen Mikrocontroller erfolgt.

Die Verbindung des AD-Umsetzers MCP3208 mit dem GPIO Port des Raspberry Pi zeigt Abbildung 102.

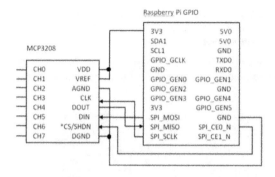

Abbildung 102   MCP3208 am Raspberry Pi

Der Datenaustausch zwischen dem MCP3208 erfolgt über die vier SPI-Bus-Leitungen. Außerdem wird der MCP3208 mit der 3,3 V Betriebsspannung des Raspberry Pi versorgt, die hier gleichzeitig als Referenzspannung dient. Will man genauere Ergebnisse erzielen, dann kann man VREF auch von einer eigenen Referenzspannungsquelle ableiten. AGND und DGND werden hier einfach zusammengeführt und auf dieses Potential bezieht sich dann auch die jeweils erfasste analoge Eingangsspannung an den Eingängen CH0 bis CH7.

Die SPI-Kommunikation zwischen dem Raspberry Pi und dem MCP3208 zeigt der in Abbildung 103 gezeigte Ausschnitt aus dem MCP3208 Datenblatt von Microchip.

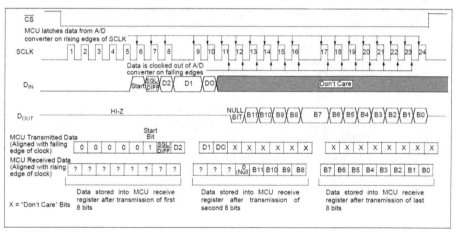

Abbildung 103   SPI Kommunikation mit 8-Bit Segmenten (Mode 0,0: SCLK idles low)

Das Protokoll umfasst insgesamt drei Bytes. Die dem Startbit folgenden Bits dienen der Konfiguration der Betriebsart des AD-Umsetzers (Single oder Differential Mode, Selektion des Analogeingangs). Vom MCP3208 werden neben dem Nullbit noch 12 Ergebnisbits zurück gelesen, die dann im Raspberry Pi weiter bearbeitet werden können.

Wir betrachten hier nur AD-Umsetzungen im Single Mode, d.h. mit massebezogenen Analogeingängen, für den die Konfiguration gemäß Tabelle 17 zu erfolgen hat.

Control Bit Selection				Channel Selection
Single//Diff	D2	D1	D0	
	0	0	0	CH0
1	0	0	1	CH1
1	0	1	0	CH2
1	0	1	1	CH3
1	1	0	0	CH4
1	1	0	1	CH5
1	1	1	0	CH6
1	1	1	1	CH7

Tabelle 17   Single-ended Input Configuration

Diese Konfigurationsdaten werden in das drei Byte umfassende Telegramm eingebaut, was im modifizierten SPI-Programm durch eine Reihe von #defines erfolgt. Den gesamten Quelltext mcp3208.c zeigt Listing 14. Der eigentliche Datenaustausch findet in der Routine transfer(fd) statt. Hier wird das Bytearray tx[] mit den zu sendenden Bytes beladen und zu Kontrollzwecken am Terminal ausgegeben.

Nach dem erfolgten Versenden können die empfangenen und im Bytearray rx[] abgelegten Daten aufbereitet werden. Zuerst erfolgt wiederum zu Kontrollzwecken eine Ausgabe der empfangenen Daten bevor diese in eine Zahl gewandelt werden.

Während des Einlesens der ersten Bits ist der Ausgang DOUT des MCP3208 noch hochohmig und dadurch das jeweils eingelesene Bit unbestimmt, was aber durch eine Maskierung der 12 Ergebnisbits eliminiert wird.

Den Abschluss bildet schließlich die Ausgabe des ADC-Resultats in hexadezimaler und dezimaler Form sowie als berechneter Spannungswert.

```c
/*
 * Controlling MCP3208 ADC by SPI (using spidev driver)
 *
 * Copyright (c) 2007  MontaVista Software, Inc.
 * Copyright (c) 2007  Anton Vorontsov <avorontsov@ru.mvista.com>
 *
 * Modifications 2012 by Claus Kühnel <info@ckuehnel.ch>
 *
 * This program is free software; you can redistribute it and/or modify
 * it under the terms of the GNU General Public License as published by
 * the Free Software Foundation; either version 2 of the License.
 *
 * Compile on Raspberry Pi by gcc mpc3208 -o mpc3208
 */

#include <stdint.h>
#include <unistd.h>
#include <stdio.h>
#include <stdlib.h>
#include <getopt.h>
#include <fcntl.h>
#include <sys/ioctl.h>
#include <linux/types.h>
#include <linux/spi/spidev.h>

#define ARRAY_SIZE(a) (sizeof(a) / sizeof((a)[0]))

#define DEBUG 0

// Configuration bits for single-ended channel selection
#define CHANNEL0 0x060000    // Channel 0
#define CHANNEL1 0x064000    // Channel 1
#define CHANNEL2 0x068000    // Channel 2
#define CHANNEL3 0x06C000    // Channel 3
#define CHANNEL4 0x070000    // Channel 4
#define CHANNEL5 0x074000    // Channel 5
#define CHANNEL6 0x078000    // Channel 6
#define CHANNEL7 0x07C000    // Channel 7

static const char *device = "/dev/spidev0.0";
static uint8_t mode;
static uint8_t bits = 8;
static uint32_t speed = 500000;
static uint16_t delay;

uint32_t channel;

static void pabort(const char *s)
{
    perror(s);
    abort();
}

static void transfer(int fd)
{
```

```c
    uint16_t adc;
    uint8_t ret,i;

    uint8_t tx[3];                          // 3 bytes will be sent to MPC3208
    uint8_t rx[ARRAY_SIZE(tx)] = {0, };

    for (i = 0; i < ARRAY_SIZE(tx); i++)
    {
        tx[ARRAY_SIZE(tx)-i-1] = channel%256;
        channel = channel >> 8;
    }

    printf("Sent bytes     : ");
    for (i=0; i < ARRAY_SIZE(tx); i++)
        printf("%02X ", tx[i]);
    printf("\n");

    struct spi_ioc_transfer tr =
    {
        .tx_buf = (unsigned long)tx,
        .rx_buf = (unsigned long)rx,
        .len = ARRAY_SIZE(tx),
        .delay_usecs = delay,
        .speed_hz = speed,
        .bits_per_word = bits,
    };

    ret = ioctl(fd, SPI_IOC_MESSAGE(1), &tr);
    if (ret < 1)
        pabort("can't send spi message");

    printf("Received bytes: ");
    for (i = 0; i < ARRAY_SIZE(tx); i++)
        printf("%02X ", rx[i]);
    printf("\n");

    adc = (rx[1] << 8) + rx[2];
    adc &= 0xFFF;
    printf("ADC = %5X (hex)\n", adc);
    printf("ADC = %5d (dec)\n", adc);
    printf("ADC Voltage = %g mV\n", (float) adc *3300/4096);
}

int main(int argc, char *argv[])
{
    int ret = 0;
    int fd;

    fd = open(device, O_RDWR);
    if (fd < 0)
        pabort("can't open device");

    // max speed hz
    ret = ioctl(fd, SPI_IOC_WR_MAX_SPEED_HZ, &speed);
    if (ret == -1)
```

```
    pabort("can't set max speed hz");

    ret = ioctl(fd, SPI_IOC_RD_MAX_SPEED_HZ, &speed);
    if (ret == -1)
        pabort("can't get max speed hz");

#if DEBUG
    printf("spi device: %s\n", device);
    printf("spi mode: %d\n", mode);
    printf("bits per word: %d\n", bits);
    printf("max speed: %d Hz (%d KHz)\n", speed, speed/1000);
#endif

    channel = CHANNEL7;   // we use channel 7 here
    transfer(fd);
    close(fd);
    return ret;
}
```
Listing 14   Quelltext *mcp3208.c*

Abbildung 104 zeigt Compilation und Aufruf des Programms *mcp3208*, wobei der Eingang CH7 die Spannung von einem Potentiometer abgreift.

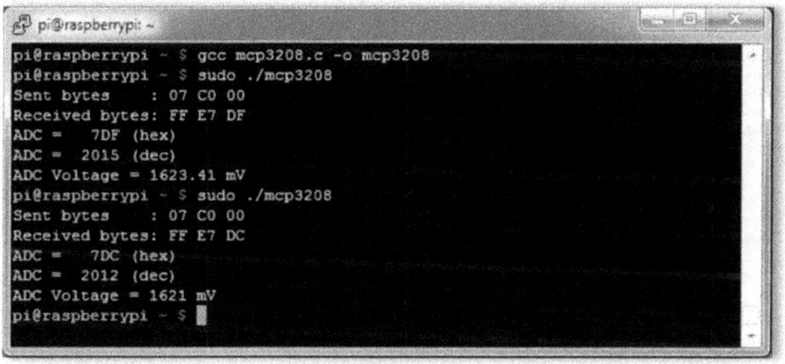

Abbildung 104   Compilation und Aufruf des Programms *mcp3208*

Die zwei dargestellten Aufrufe haben zwei nahe beieinander liegende Resultate der AD-Umsetzung zur Folge (2015 resp. 2012), was eine Spannungsdifferenz von (3*3300/4096 =) 2.4 mV bedeutet. Für einen Versuchsaufbau mit Steckbrett und Verbindungsleitungen ein durchaus akzeptabler Wert.

10.7.3 [Shell] – I^{2}C Test

Der I^{2}C -Bus wird durch das Paket *i2c-tools* unterstützt, Dieses Paket enthält einen heterogenen I^{2}C -Werkzeugsatz für Linux: ein Tool zur Device Detection, Hilfsprogramme für den Zugriff auf Registerebene, Skripte für EEPROM-Decodierung und vieles mehr [30][31].

139

Die aktuelle Raspbian Distribution unterstützt bereits den I^{2}C-Bus und wir wollen uns im Folgenden damit vertraut machen.

Das Paket *i2c-tools* stellt den folgenden „Werkzeugkasten" zur Verfügung:

Device Detection	i2cdetect
Device Register Dump	i2cdump
Device Register Read	i2cget
Device Register Write	i2cset

Abbildung 105 zeigt die Verwendung des Kommandos i2cdetect mit verschiedenen Parametern zur Device Detection.

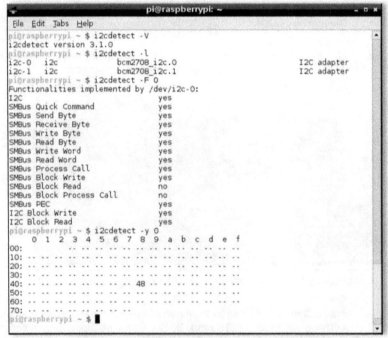

Abbildung 105   I^{2}C-Device Detection mit *i2cdetect*

Mit i2cdetect -V wird die Version von *i2cdetect* ausgegeben.

Die vorhandenen I^{2}C-Busse kann man mit dem Kommando i2cdetect -l ermitteln. Raspberry Pi ist mit zwei I^{2}C-Bussen *i2c-0* und *i2c-1* ausgestattet. An der Stiftleiste steht bei der Raspberry Pi Rev. 1 *i2c-0* zur Verfügung, während *i2c-1* an das derzeit nicht benutzte Kamerainterface führt.

Die implementierte Funktionalität kann mit dem Kommando `i2cdetect -F 0` abgefragt werden. Nahezu alle Funktionen sind hier implementiert, so dass wir keine Einschränkungen erwarten müssen.

Als letztes wird noch mit dem Kommando `i2cdetect -y 0` der Bus *i2c-0* nach angeschlossenen I^2C-Devices gescannt und es zeigt sich hier an Adresse 0x48 ein angeschlossener Baustein PCF8591.

10.7.4 [C] - AD/DA-Subsystem am I^2C-Bus

In vorangegangenen Abschnitt hatten wir bereits ein angeschlossenes Device detektiert. Dabei handelte es sich um ein 8-Bit AD/DA-Subsystem auf Basis eines PCF8591, welches wir nun über ein C-Programm ansprechen wollen.

Bevor wir uns der Ansteuerung des PCF8591 widmen, soll kurz der Baustein selbst erläutert werden. Abbildung 106 zeigt das Blockschema des PCF8591. Es stehen vier analoge Eingänge und zusätzlich ein analoger Ausgang auf dem Baustein zu Verfügung.

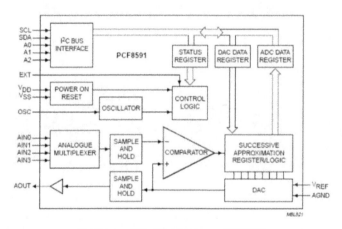

Abbildung 106 Blockschema PCF8591

Zur Vereinfachung der experimentellen Arbeiten wurde hier eine I^2C-Analogkarte der Fa. Horter&Kalb eingesetzt [32].

Abbildung 107 zeigt den einfachen Aufbau der Baugruppe. Die Konfiguration des Spannungsbereiches der vier Eingangsspannungen erfolgt über JP3. Über Spannungsteiler können Spannungen von 0 - 10V eingelesen werden. Durch JP0 bis JP2 wird die Slave Adresse des I^2C -Bausteins festgelegt. Als Referenzspannungsquelle wird ein LM336-2,5 verwendet.

Zur Signalanhebung und Impedanzwandlung wird die Ausgangsspannung des PCF8591 mit einem Operationsverstärker LM324 verstärkt. Zur Leitungskompensation sind die Rückführungen zum Operationsverstärker auf separate

Klemmen herausgeführt. Im Schema (Abbildung 108) können diese Einstellungsmöglichkeiten und die Beschaltung des Ausgangsverstärkers nachvollzogen werden.

Abbildung 107   I²C-Analogkarte (Fa. Horter&Kalb)

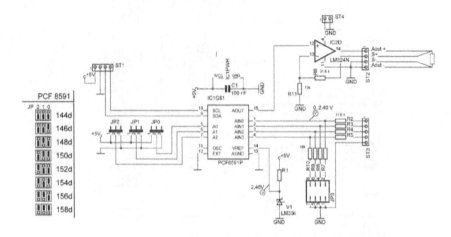

Abbildung 108   Schema der I²C -Analogkarte (Fa. Horter&Kalb)

Das Interface zum Raspberry Pi wird durch die beiden I²C -Leitungen SCL und SDA (sowie GND) gebildet. Über die Jumper JP2-JP0 (A2–A0 am PCF8591) erfolgt die Adressierung des Bausteins am I²C-Bus, wodurch bis zu acht PCF8591 am selben I²C -Bus betrieben werden könnten. Die verfügbaren Adressen sind in Abbildung 108 als 8-Bit-Werte angegeben. Der I²C-Treiber geht aber von 7-Bit-Adressen aus. Da Bit0 die Zugriffsart definiert (Read (1) bzw. Write (0)), korrespondieren somit die Adressen in folgender Weise: 144d = 0x90 (8-bit) mit 0x48 (7-bit).

Für unseren Inbetriebnahmetest wird der Analogeingang AIN0 mit dem Analogausgang Aout+ verbunden, um die Kennlinie des AD-DA-Systems zu erfassen. Außerdem ist Aout+ mit S+ am Stecker ST2 direkt zu brücken.

Der Operationsverstärker muss an einer separaten Versorgungsspannung von 12 V DC betrieben werden, um bei der gegebenen Dimensionierung den Ausgangsspannungsbereich von 0 – 10 V sicher zu stellen. Der Raspberry Pi arbeitet mit 3.3 V Pegeln, weshalb auch die I^2C -Analogkarte anstatt mit 5 V mit 3.3 V vom Raspberry Pi versorgt wird. Auf diese Weise kann eine Pegelumsetzung zwischen der 5 V- und der 3.3 V-Welt verzichtet werden.

Die DA- bzw. AD-Umsetzung mit einem PCF8591 setzt die in Abbildung 109 dargestellte Kommunikation zwischen dem Raspberry Pi (I^2C-Bus-Master) und dem PCF8591 voraus.

PCF8591 DA-Umsetzung

S	Address	0	A	Control Byte	A	DA Byte	A	S

PCF8591 AD-Umsetzung

S	Address	0	A	Control Byte	A	S

S	Address	1	A	AD Byte	A	AD Byte	A	S

Abbildung 109 I^2C-Bus-Kommunikation bei DA- und AD-Umsetzung mit PCF8591

Sowohl DA- als auch AD-Umsetzung beginnen jeweils mit der Adressierung des PCF8591.

Bei der DA-Umsetzung wird als erstes Datenbyte ein Controlbyte gesendet, welches den PCF8591 konfiguriert. Im Falle einer DA-Umsetzung ist hier nur das Analog Output Enable Flag zu setzen, wodurch das Controlbyte den Wert 0x40 annimmt. Der restliche Inhalt des Controlbytes ist für die DA-Umsetzung unerheblich, konfiguriert aber das Verhalten des AD-Umsetzers für eine (irgendwann) folgende AD-Umsetzung.

Bei der AD-Umsetzung wird wiederum zuerst das Controlbyte gesendet, welches hier die Zuordnung der Eingänge u.a. festlegt, bevor das Ergebnis der AD-Umsetzung gelesen werden kann. Das erste Ergebnisbyte ist dabei das Ergebnis der vorangegangenen AD-Umsetzung und das zweite Ergebnisbyte ist das Ergebnis der gerade ausgelösten AD-Umsetzung.

In unserem in Listing 15 dargestellten Programmbeispiel *pcf8591.c* wollen wir den Ausgangswert des DA-Umsetzers mit Kanal 0 des AD-Umsetzers (als single-ended geschaltet) abfragen. Das Controlbyte behält in diesem Fall den Wert 0x40, da alle den AD-Umsetzer betreffenden Bits gleich Null sind. Einige Controlbytes sind als #defines zu Beginn des Programms notiert.

Nach dem Öffnen des Devicefiles und dem Setzen der Slave Adresse 0x48 kann das Programm in einer Schleife einen Wert vom DA-Umsetzer ausgegeben und anschließend über den AD-Umsetzer zurücklesen. Bei jedem Schleifendurchlauf wird der auszugebende Wert um Eins erhöht. Die beide Zahlen-werte (DAC, ADC) und deren Differenz werden bei jedem Schleifendurchlauf über die Console ausgegeben und können da verfolgt werden. Nach 256 Schlei-fendurchläufen wird das Programm beendet.

Idealerweise wären beide Werte identisch. Gemäß Datenblatt des PCF8591 ist aber mit einer Abweichung bei jedem Umsetzer von bis zu +/- 1.5 LSB zu rech-nen.

```c
/*
 * Test of PCF8591 ADC/DAC controlled by I2C
 *
 * Copyright (C) 2012 by Claus Kuehnel, info@ckuehnel.ch
 * Copyright (C) 2012 by Andre Wussow, 2012, desk@binerry.de
 *
 * This program is free software; you can redistribute it and/or modify
 * it under the terms of the GNU General Public License as published by
 * the Free Software Foundation; either version 2 of the License.
 *
 * Compile on Raspberry Pi with gcc pcf8591.c -o pcf8591
 */

#include <stdio.h>
#include <fcntl.h>
#include <linux/i2c-dev.h>
#include <linux/i2c.h>

#define PCF8591_DAC_ENABLE 0x40
#define PCF8591_ADC_CH0 0x40
#define PCF8591_ADC_CH1 0x41
#define PCF8591_ADC_CH2 0x42
#define PCF8591_ADC_CH3 0x43

int main (void)
{
    printf("\nRaspberry Pi ADC/DAC PCF8591 Test\n");

    int i,fd;
    int readBytes;
    char adc_value, dac_value, buffer[2];

    int deviceI2CAddress = 0x48;      // address of PCF8591 device

    if ((fd = open("/dev/i2c-0", O_RDWR)) < 0)   // open device on /dev/i2c-0
    {
        printf("Error: Couldn't open device! %d\n", fd);
        return 1;
    }

    if (ioctl(fd, I2C_SLAVE, deviceI2CAddress) < 0) // connect PCF8591 as i2c
slave
    {
        printf("Error: Couldn't find device on address!\n");
        return 1;
```

```
    }
    printf("DAC\tADC\tADC-DAC\n");

    for (i = 0; i < 0x100; i++)
    {
        dac_value = (char) i;

        // initialize DAC
        buffer[0] = PCF8591_DAC_ENABLE;     // DAC enabled
        buffer[1] = dac_value;              // DAC output value

        readBytes = write(fd, buffer, 2);
        if (readBytes != 2)
        {
            printf("Error: Write Error!");
            return 1;
        }

        // initialize ADC
        buffer[0] = PCF8591_ADC_CH0;        // ADC0 enabled
        readBytes = write(fd, buffer, 1);
        if (readBytes != 1)
        {
            printf("Error: Write Error!");
            return 1;
        }
        readBytes = read(fd, buffer, 2);  // Read 2 conversions
        if (readBytes != 2)
        {
            printf("Error: Received no data!");
            return 1;
        }
        adc_value = buffer[1];              // take the last conversion

        printf("%2X\t%2X\t%d\n", dac_value, adc_value, adc_value-dac_value); //
and print results
        usleep(100000);
    }

    close(fd);                              // close connection and return
    return 0;
}
```

Listing 15 Quelltext *pcf8591.c*

Um die Eigenschaften des PCF8591-AD-DA-Systems zu verdeutlichen, wurde durch

```
$ sudo ./pcf8591 > pcf8591.txt
```

ein kompletter Durchlauf im Terminalprogramm mitgeschnitten und einer Auswertung in Excel unterzogen. Abbildung 110 zeigt die Abweichungen des Wertes des AD-Umsetzers von den Vorgaben des DA-Umsetzers bei der I²C-Analogkarte. Es ist deutlich erkennbar, dass die meisten Werte 1 oder 2 LSB abweichen.

Gemessen an den Angaben im Datenblatt ist das ein vollkommen korrektes Verhalten des AD-DA-Subsystems.

Abbildung 110   AD/DA-Kennlinie PCF8591

10.7.5 [C] - ADC Pi

Von der englischen Firma AB Electronics UK (http://www.abelectronics.co.uk/) werden eine Reihe von Zusatzboards für den Raspberry Pi angeboten. Hier von besonderem Interesse sind die ADC Pi Boards, die es mittlerweile schon in einer zweiten Version gibt.

Beide ADC Pi Versionen werden über den GPIO Header mit dem Raspberry Pi kontaktiert und stellen mehrere Analogkanäle dem Raspberry Pi über ein I²C-Interface zur Verfügung. Abbildung 111 zeigt das ADC Pi V1.0 Board bei dem zwei AD-Umsetzer vom Typ MCP3428 zum Einsatz kommen, während Abbildung 112 das ADC Pi V2.0 Board mit zwei MCP3424 zeigt.

Abbildung 111   ADC Pi V1.0   **Abbildung 112   ADC Pi V2.0**

Die unterschiedlichen Eigenschaften der beiden Versionen sind aus Tabelle 18 ersichtlich. Hinzu kommt, dass unabhängig vom eingesetzten AD-Umsetzer beim ADC Pi V2.0 mehrere AD-Umsetzer Boards am I²C-Bus adressierbar sind.

Merkmal	MCP3428	MCP3424	Einheit
	16-bit ΔΣ ADC with Differential Inputs	18-bit ΔΣ ADC with Differential Inputs	
Anzahl Kanäle	4		
Referenz	On-Board		
Betriebsspannung	2.7-5.5		V
Interface	I^2C		
Adresse	0x68 – 0x69	0x68 – 0x6F	
Date Rate			
18 Bit	%	3.75	
16 Bit	15		SPS
14 Bit	60		
12 Bit	240		

Tabelle 18   Eigenschaften der ADC Pi Boards

Codebeispiele zu beiden ADC Pi Boards in C und Python können von der Website des Herstellers http://www.abelectronics.co.uk/codesamples/info.aspx heruntergeladen werden. Wir wollen uns hier den C-Quelltext zu Abfrage des ADC Pi Boards etwas genauer ansehen (Listing 16), wobei dieser Quelltext sehr gut als Vorlage für den Zugriff auf andere I^2C-Devices dienen kann.

```
/*
Readout abelectronics ADC Pi board inputs via C

Copyright (C) 2012 Stephan Callsen

Permission is hereby granted, free of charge, to any person obtaining a copy of
this software and associated documentation files (the "Software"), to deal in
the Software without restriction, including without limitation the rights to
use, copy, modify, merge, publish, distribute, sublicense, and/or sell copies
of the Software, and to permit persons to whom the Software is
furnished to do so, subject to the following conditions:

The above copyright notice and this permission notice shall be included in all
copies or substantial portions of the Software.

THE SOFTWARE IS PROVIDED "AS IS", WITHOUT WARRANTY OF ANY KIND, EXPRESS OR
IMPLIED, INCLUDING BUT NOT LIMITED TO THE WARRANTIES OF MERCHANTABILITY,
FITNESS FOR A PARTICULAR PURPOSE AND NONINFRINGEMENT.
IN NO EVENT SHALL THE AUTHORS OR COPYRIGHT HOLDERS BE LIABLE FOR ANY CLAIM,
DAMAGES OR OTHER LIABILITY, WHETHER IN AN ACTION OF CONTRACT, TORT OR
OTHERWISE, ARISING FROM, OUT OF OR IN CONNECTION WITH THE SOFTWARE OR THE USE
OR OTHER DEALINGS IN THE SOFTWARE.

Autor:          Stephan Callsen
Date:           Oct. 24nd 2012
```

Version: 1.3

> Required package:
> apt-get install libi2c-dev
>
> Compile with gcc:
> gcc adcon.c -o adcon
>
> Execute with:
> ./adcon [channel]
> default is channel 1

Taken from Microchip Datasheet:
bit 7 RDY: Ready Bit
This bit is the data ready flag. In read mode, this bit indicates if the output
register has been updated with a latest conversion result. In One-Shot Conversion mode, writing this bit to "1" initiates a new conversion.

Reading RDY bit with the read command:
 1 = Output register has not been updated.
 0 = Output register has been updated with the latest conversion result.

Writing RDY bit with the write command:
Continuous Conversion mode: No effect
One-Shot Conversion mode:
 1 = Initiate a new conversion.
 0 = No effect.

bit 6-5 C1-C0: Channel Selection Bits
 00 = Select Channel 1 (Default)
 01 = Select Channel 2
 10 = Select Channel 3 (MCP3428 only, treated as "00" by the MCP3426/MCP3427)
 11 = Select Channel 4 (MCP3428 only, treated as "01" by the MCP3426/MCP3427)

bit 4 O/C: Conversion Mode Bit
 1 = Continuous Conversion Mode (Default). The device performs data conversions
continuously.
 0 = One-Shot Conversion Mode. The device performs a single conversion and en-
ters a low power standby mode until it receives another write or read command.

bit 3-2 S1-S0: Sample Rate Selection Bit
 00 = 240 SPS (12 bits) (Default)
 01 = 60 SPS (14 bits)
 10 = 15 SPS (16 bits)

bit 1-0 G1-G0: PGA Gain Selection Bits
 00 = x1 (Default)
 01 = x2
 10 = x4
 11 = x8

Mostly all functions from i2c-dev.h
    i2c_smbus_write_quick(int file, __u8 value)
    i2c_smbus_read_byte(int file)
    i2c_smbus_write_byte(int file, __u8 value)

148

```
    i2c_smbus_read_byte_data(int file, __u8 command)
    i2c_smbus_write_byte_data(int file, __u8 command, __u8 value)
    i2c_smbus_read_word_data(int file, __u8 command)
    i2c_smbus_write_word_data(int file, __u8 command, __u16 value)
    i2c_smbus_process_call(int file, __u8 command, __u16 value)
    i2c_smbus_read_block_data(int file, __u8 command, __u8 *values)
    i2c_smbus_write_block_data(int file, __u8 command, __u8 length, __u8 *values)
    i2c_smbus_read_i2c_block_data(int file, __u8 command, __u8 *values)
    i2c_smbus_write_i2c_block_data(int file, __u8 command, __u8 length, __u8 *values)
    i2c_smbus_block_process_call(int file, __u8 command, __u8 length, __u8 *values)
*/

#include <stdio.h>
#include <stdint.h>
#include <stdlib.h>
#include <string.h>
#include <errno.h>
#include <unistd.h>
#include <sys/types.h>
#include <sys/stat.h>
#include <sys/ioctl.h>
#include <fcntl.h>
#include <linux/i2c-dev.h>

#define ADC_1           0x68
#define ADC_2           0x69
#define ADC_CHANNEL1    0x98
#define ADC_CHANNEL2    0xB8
#define ADC_CHANNEL3    0xD8
#define ADC_CHANNEL4    0xF8

//Prototypes
float getadc (int chn);

//DEMO MAIN
int main(int argc, char **argv) {
  int i;
  float val;
  int channel;
  if (argc>1) channel=atoi(argv[1]);
  if (channel <1|channel>8) channel=1;
  for (i=0;i<5;i++){
    val = getadc (channel);
    printf ("Channel: %d  - %2.4fV\n",channel,val);
    sleep (1);
  }
  return 0;
}

float getadc (int chn){
  unsigned int fh, dummy, adc, adc_channel;
  float val;
  __u8  res[4];
  switch (chn){
    case 1: { adc=ADC_1; adc_channel=ADC_CHANNEL1; }; break;
```

149

```
case 2: { adc=ADC_1; adc_channel=ADC_CHANNEL2; }; break;
case 3: { adc=ADC_1; adc_channel=ADC_CHANNEL3; }; break;
case 4: { adc=ADC_1; adc_channel=ADC_CHANNEL4; }; break;
case 5: { adc=ADC_2; adc_channel=ADC_CHANNEL1; }; break;
case 6: { adc=ADC_2; adc_channel=ADC_CHANNEL2; }; break;
case 7: { adc=ADC_2; adc_channel=ADC_CHANNEL3; }; break;
case 8: { adc=ADC_2; adc_channel=ADC_CHANNEL4; }; break;
default: { adc=ADC_1; adc_channel=ADC_CHANNEL1; }; break;
}
fh = open("/dev/i2c-0", O_RDWR);
ioctl(fh,I2C_SLAVE,adc);
i2c_smbus_write_byte (fh, adc_channel);
usleep (50000);
i2c_smbus_read_i2c_block_data(fh,adc_channel,4,res);
usleep(50000);
close (fh);
dummy = (res[0]<<8|res[1]);
if (dummy>=32768) dummy=65536-dummy;
val = dummy * 0.000154;
return val;
}
```

Listing 16   Quelltext *adcon.c*

Gemäss dem Hinweis im Quelltext müssen wird noch die Bibliothek *libi2c-dev*
installieren, bevor wir den Quelltext compilieren können. Mit der folgenden Eingabe wird die Installation vorgenommen:

```
$ sudo apt-get install libi2c-dev
```

Nun können wir uns den Quelltext näher ansehen. Die Kommunikation mit dem
ADC Pi Board wird in der Funktion getadc() abgehandelt. Adressiert wird der
I^2C-Bus */dev/i2c-0*, der bei der Raspberry Pi Rev1 auf die 26-polige Stiftleiste
herausgeführt ist, bei der Rev2 wäre das dann */dev/i2c-1*. Von den acht Analogeingängen werden jeweils vier einem AD-Converter zugeordnet. Nachdem
der ADC-Kanal adressiert ist wird nach einer Wartezeit von 50 ms das Resultat
der AD-Umsetzung abgefragt. Das 16-Bit Ergebnis wird aus den ersten beiden
Ergebnisbytes zusammengesetzt. Das vorzeichenbehaftete Ergebnis wird
schliesslich noch skaliert und als Gleitkommazahl zurückgegeben.

In der der Funktion main() wird nur die übergebene Kanalnummer überprüft.
Ohne Argument wird per default Kanal A1 gesetzt. Dann wird eine Schleife
durchlaufen, die eine AD-Umsetzung initiiert und das Ergebnis mit Kanal und
Spannungswert über die Console ausgibt. Zur besseren Sichtbarkeit wurden die
ursprünglichen Werte für die Anzahl der Schleifendurchläufe und die Wartezeit
angepasst.

Bevor wir das Programmbeispiel compilieren und testen, überprüfen wir noch
mit Hilfe von *i2cdetect*, ob das angeschlossene ADC Pi Board sichtbar ist. Abbildung 113 zeigt uns, dass zwei I2C-Devices am Bus erkannt werden. Das sind
genau die Adressen, die gemäss Tabelle 18 zu erwarten waren.

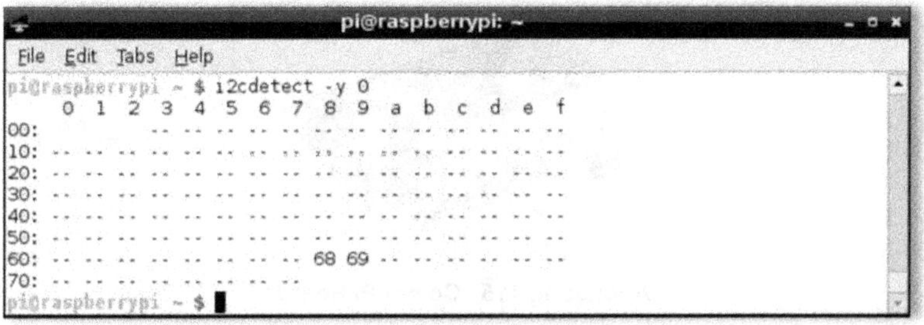

Abbildung 113   Detektion des ADC Pi Boards am I²C-Bus

Nun kann das Programmbeispiel compiliert und getestet werden. Abbildung 114 zeigt die betreffenden Schritte.

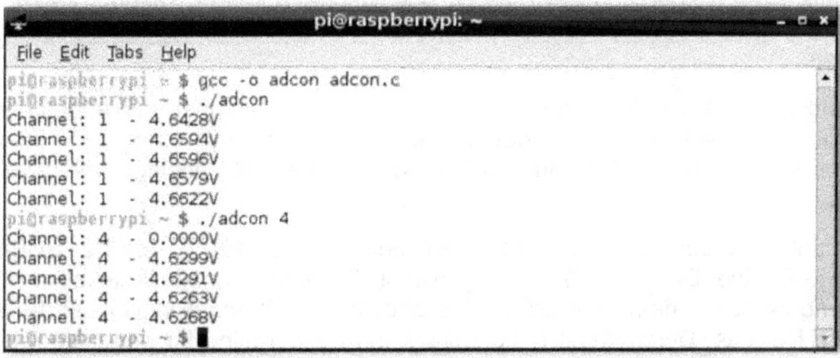

Abbildung 114   Compilation und Aufruf *adcon*

Beim ersten Aufruf nach der Compilation wird kein Argument übergeben und automatisch Kanal A1 erfasst. Der Anschluss A1 des ADC Pi Boards wurde mit der 5 V-Spannungsversorgung des Boards gebrückt. Bei der Übergabe einer Kanalnummer wird dann der so selektierte Kanal erfasst, wie hier am Beispiel von Kanal 4 zu sehen ist.

10.7.6 Comm Pi

Von AB Electronics UK wird mit dem Comm Pi Board ein Kommunikationsboard zur Verfügung gestellt, welches RS-232- und 1-Wire-Kommunikation ermöglicht. Abbildung 115 zeigt das stapelbare Zusatzboard.

151

Abbildung 115   Comm Pi Board

Durch einen MAX3232 werden die 3.3 V Pegel des Raspberry Pi in RS-232 Standardsignale umgesetzt, die am DSUB-9 Stecker abgegriffen werden können. An den RJ-12 Steckverbinder können 1-Wire-Devices angeschlossen werden. Ausserdem befindet sich auf dem Board noch ein 5 V gepuffertes I^2C-Port.

Details zur Konfiguration der RS-232 Schnittstelle auf dem Raspberry Pi sind unter   http://www.abelectronics.co.uk/raspberrypi-serialportusage/info.aspx   zu finden.

Grundsätzlich kann der 1-Wire-Bus auch direkt vom Raspberry Pi angesteuert werden. Problematisch ist dabei die Einhaltung der strengen Timing-Anforderungen des 1-Wire-Busses bei einer solchen Bit-Banging Implementierung.

Der auf dem Comm Pi eingesetzte Baustein DS2482-100 ist ein I^2C-1-Wire® Bridge Device. Der DS2482-100 übernimmt die bi-direktionale Protokollkonvertierung zwischen dem I^2C-Port des Raspberry Pi und angeschlossener 1-Wire Slave Devices. Durch diese Entkopplung kann das Timing für den 1-Wire-Bus zuverlässig sichergestellt werden.

Details zu Installation des OWFS (One Wire File System) und zu Konfiguration und Nutzung des 1-Wire® Ports mit dem Raspberry Pi sind unter http://www.abelectronics.co.uk/owfs-and-compi/info.aspx zu finden. Deshalb werden hier die notwenigen Schritte nur gelistet:

```
$ cd /usr/src
$ sudo wget -O owfs-latest.tgz
    http://sourceforge.net/projects/owfs/files/latest/download
$ sudo tar xzvf owfs-latest.tgz
$ cd owfs-2.9p0
$ sudo ./configure
$ sudo make
$ sudo make install
$ sudo mkdir /mnt/1wire
```

Um nun 1-Wire Devices auch ohne Root-Rechte nutzen zu können, müssen die FUSE Settings über das Editieren der Datei *fuse.conf* angepasst werden:

```
$ sudo nano /etc/fuse.conf
```

Von der Zeile `#user_allow_other` sind nur das Kommentarzeichen (#) zu entfernen und die Änderungen zu speichern.

Das OWFS zum Zugriff auf die I^2C-Devices kann nun durch das Kommando

```
$ sudo /opt/owfs/bin/owfs --i2c=ALL:ALL --allow_other /mnt/1wire/
```

gestartet werden. Von einem Terminal aus kann das Verzeichnis /mnt/1wire/ selektiert und mit Hilfe des Kommandos `ls` die angeschlossenen I^2C-Devices gelistet werden.

Ist ein Temperatursensor angeschlossen, dann existiert ein Verzeichniseintrag mit 10.xxxxxx beginnend. Nach dem Wechsel in dieses Verzeichnis kann mit `cat temperature` die Temperatur des betreffenden Sensors abgefragt werden.

10.7.7 [C] - RasPiComm

Daniel Amesberger hat mit dem RasPiComm ein Erweiterungsboard für den Raspberry Pi entwickelt. RasPiComm stellt eine Reihe von Standard-Schnittstellen zur Verfügung, wie sie in der Automatisierung gefordert werden. Mit dem Raspberry Pi wird RasPiComm über den GPIO Header direkt verbunden. Abbildung 116 zeigt das RasPiComm Board. Die Stiftleiste zur Kontaktierung des Raspberry Pi befindet sich an der oberen Kante des Boards.

Abbildung 116   RasPiComm Board

Das 35.2 x 56 mm^2 grosse RasPiComm Board stellt folgende Schnittstellen zur Verfügung, über die u.a. Displays, Schrittmotoren und/oder Relais direkt angesteuert werden können:

- RS-485 Schnittstelle mit bis zu 230.4 kBaud, Schraubklemmen (A, B, GND)
- RS-232 Schnittstelle mit bis zu 115.2 kBaud, Schraubklemmen (Rx, Tx, GND)
- Real Time Clock/Calendar DS1307 mit CR2032 Batteriepufferung für ca. 10 Jahre
- 5 digitale Eingänge, mit dem Onboard-Joystick (4 way + push) verbunden, 5 V tolerant, Stiftleiste nicht bestückt
- 2 digitale Ausgänge (5 V @ 100mA max.; 5 V Relais können direkt getrieben werden), Stiftleiste nicht bestückt
- SPI-Bus-Schnittstelle, Stiftleiste nicht bestückt
- 2 I²C-Bus-Schnittstellen, Pfostenleiste
- Direkter Steckverbinder zum Raspberry Pi
- Power-Anschluss (5 V DC) für Raspberry Pi und RasPiComm (5V @ 1.5A max.) oder Power-Ausgang, wenn über USB gespeist wird
- Stromverbrauch: 10 mA max. (Ausgänge aus), 210 mA max. (Ausgänge ein bei Maximallast)

Das RasPiComm Board kann von RS Components (http://de.rs-online.com/web/p/entwicklungskits-prozessor-mikrocontroller/7722974/) unter der RS-Bestellnr. 772-2974 zum Preis von € 43,69 bezogen werden kann.

Die Programmierung des RasPiComm Boards hat Daniel Amesberger eine API und entsprechende Treiber entwickelt, die unter https://github.com/amescon/raspicomm zum Download bereit gestellt sind. Beispiele für die Ansteuerung eines OLED-Displays, eines Trinamic Schrittmotorcontrollers sowie ein Daemon zur Fernsteuerung des RasPiComm Boards über Ethernet resp. WiFi sind im Paket vorhanden. Weiterführende Links sind unter [33] zu finden. Die Installation selbst ist mit wenigen Schritten getan:

```
$ git clone https://github.com/amescon/raspicomm.git
$ cd raspicomm
$ sudo ./makeall.sh
```

10.8 PiFace Digital

Mit PiFace Digital stellt Farnell/element14 ein Zusatzboard zur Verfügung, welches eine einfache digitale Verbindung des Raspberry Pi zur Umwelt darstellt. Alle erforderlichen Informationen zum PiFace Digital Board sind unter http://www.farnell.com/datasheets/1686131.pdf zu finden. Abbildung 117 zeigt das PiFace Digital mit den zur Verfügung stehenden Features:

- Kontaktierung mit dem Raspberry Pi über GPIO (SV1)
- 8 digitalen Eingänge, 4 Taster
- 8 Open Collector Ausgänge, 8 LEDs, 2 Relais mit Umschaltkontakten

Abbildung 117   PiFace Digital

Der erforderliche SPI-Treiber ist in der aktuellen Raspbian Distribution bereits enthalten und muss nur enabled werden. Im Abschnitt 10.7 war die Vorkehrungen dafür beschrieben.

Die Installation der PiFace Digital Libraries und das Setup erfolgt gemäss:

```
$ sudo apt-get update
$ git clone https://github.com/thomasmacpherson/piface.git
```

Nach der Installation muss ein Reboot erfolgen:

```
$ sudo reboot
```

Der Test der Softwareinstallation einschliesslich des PiFace Digital Boards kann mit dem PiFace Emulator erfolgen. Dieser wird folgendermassen aufgerufen:

```
$ piface/scripts/piface-emulator
```

Nach dem Aufruf des PiFace Emulators öffnet sich das in Abbildung 118 gezeigte Fenster. Die Bedienung ist intuitiv und wird deshalb hier nicht weiter vertieft.

Im Beispiel hier wurde Out0 (LED0) mit In0 (S1) verbunden und die Schaltzustände können durch Anklicken des betreffenden Ausgangspins verändert und sowohl auf der Ausgangsseite (rechts oben) als auch auf der Eingangsseite (links unten) mitverfolgt werden.

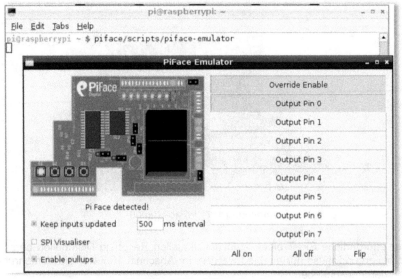

Abbildung 118 PiFace Emulator

Nach Installation und Setup der PiFace Libraries kann der Zugriff auf die PiFace Funktionalität auch mit Hilfe von C und Python erfolgen. Die nächsten Abschnitte sollen das verdeutlichen.

10.8.1 [C] – PiFace

Zur Installation der C Bibliotheken sind die folgenden Schritte auszuführen:

```
$ cd piface/c/
$ ./autogen.sh && ./configure && make && sudo make install
```

Nach der Fehlermeldung `autoreconf not found` war noch das Paket *dh-autoreconf* zu installieren:

```
$ sudo apt-get install dh-autoreconf
```

Um die C Bibliotheken nutzen zu können, muss die Datei *pfio.h* aus der Bibliothek *libpiface-1.0* in den Quelltext eingefügt werden, wie es das Programmbeispiel *piface_test.c* in Listing 17 zeigt.

Vom Programm wird in einer Endlosschleife der komplette Eingangsport (einschliesslich der vier Taster) des PiFace Boards abfragt und zur Kontrolle am Terminal ausgegeben.

Anschliessend wird das gelesene Bitmuster ins Ausgangsport geschrieben und durch die LEDs auf dem PiFace Board zur Anzeige gebracht. Die Wartezeit von einer Sekunde dient nur dazu die Bildschirmausgaben etwas zu verlangsamen. Löscht man die printf()-Anweisung, dann kann man auch die durch sleep() festgelegte Wartezeit reduzieren. Will man beispielsweise diese Zeit von 1 s auf 50 ms reduzieren, dass ist die Funktion sleep(1) durch usleep(50000) zu ersetzen. Die Funktion usleep() erwartet eine Zahl von Mikrosekunden als Argument.

```
#include <unistd.h>
#include <libpiface-1.0/pfio.h>

int main(void)
{
    unsigned char byte;

    if (pfio_init() < 0)
        exit(-1);

    while (1)
    {
        byte = pfio_read_input();
        printf("Input port: 0x%x\n", byte);
        pfio_write_output(byte);
        sleep(1);
    }

    pfio_deinit();
    return 0;
}
```
Listing 17   Quelltext *piface_test.c*

Das Programm ist mit den folgenden Angaben zu kompilieren

```
$ gcc -L/usr/local/lib/ -lpiface-1.0 -o piface_test piface_test.c
$ ./piface_test
```

bevor es auf dem PiFace getestet werden kann. Abbildung 119 zeigt Start und Ausgabe des Programms *piface_test*. Der Abbruch der Endlosschleife erfolgt durch Eingabe von Ctrl-C.

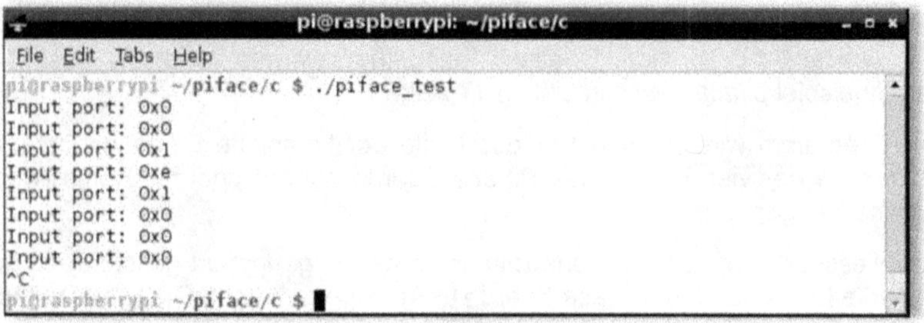

Abbildung 119 Aufruf und Ausgabe *piface_test*

10.8.2 [Python] – PiFace

Die ordnungsgemässe Installation der Python PiFace Library kann aus einer Python Shell heraus überprüft werden. Aus dem Homeverzeichnis /home/pi sind hierzu die folgenden Kommandos einzugeben:

```
$ python
>>> import piface.pfio as pfio
>>> pfio.init()
>>> pfio.LED(1).turn_on()
>>> pfio.LED(1).turn_off()
```

Nach Aufruf von Python meldet sich der Prompt >>> und die Python Library kann importiert werden.

Nach der Initialisierung durch pfio.init() kann die Ansteuerung der LED durch pfio.LED(x).turn_on/off erfolgen. Reagiert LED1 erwartungsgemäss, dann kann von einer fehlerfreien Installation der Library ausgegangen werden.

Listing 18 zeigt ein Programmbeispiel, welches wiederum den kompletten Eingangsport (einschliesslich der vier Taster) des PiFace Boards abfragt und zur Kontrolle am Terminal ausgibt. Anschliessend wird das gelesene Bitmuster ins Ausgangsport geschrieben und durch die LEDs auf dem PiFace Board zur Anzeige gebracht. Die sleep()-Funktion kann in Python auch Bruchteile einer Sekunde verarbeiten und wurde hier auf 0.5 s eingestellt.

```
#!/usr/bin/env python

from time import sleep
import sys
import piface.pfio as pfio

pfio.init()

while(True):
    data = pfio.read_input() # read input port
    sys.stdout.write('Input port: 0x%x\n' % data)
    sys.stdout.flush()
    pfio.write_output(data)  # write content unchanged to output port
    sleep(0.5)
```
Listing 18 Quelltext *piface_test.py*

Abbildung 120 zeigt Start und Ausgabe des Programms *piface_test.py*. Der Abbruch der Endlosschleife erfolgt durch Eingabe von Ctrl-Z.

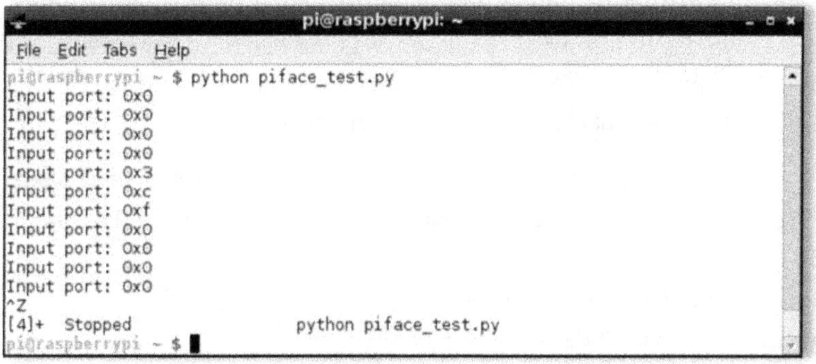

Abbildung 120   Aufruf und Ausgabe *piface_test.py*

10.9 Gertboard

Das Gertboard war eine der ersten Hardware-Erweiterungen für den Raspberry Pi. Das Board wurde von Gert van Loo als flexibles Experimentierboard entwickelt, um den Raspberry Pi mit der realen Welt zu verbinden. Physikalische Ereignisse sollen über Sensoren abgefragt werden und Aktoren sollen entsprechend zurück wirken.

Hierzu sind analoge Signale auszuwerten, Schalter abzufragen, LEDs und Relais zu schalten, Motoren anzusteuern u.a.m. Mit dem Gertboard werden die Signale so aufbereitet, dass der Raspberry Pi diese empfangen, verarbeiten und entsprechende Resultate ausgeben kann.

Abbildung 121 zeigt das konventionell bestückte Gertboard.

Abbildung 121   Gertboard

Heute kann das Gertboard komplett bestückt von Farnell (http://de.farnell.com/jsp/search/productdetail.jsp?sku=2250034) unter der Farnell Bestellnr. 2250034 zum Preis von € 37,50 bezogen werden. Zu Beginn musste man das Board selbst bestücken, was nur durch die konventionelle Bestückung für jedermann problemlos möglich war.

Das Gertboard weist die folgenden Komponenten auf:

- H-Brückentreiber BD6222HFP zur Ansteuerung eines (bürstenbehafteten) DC-Motors bei einer Betriebsspannung von 18 V DC und 2 A Laststrom maximal.

- Zweikanaliger 8-Bit DA-Umsetzer MCP4802

- Zweikanaliger 10-Bit AD-Umsetzer MCP3002

- 6 Open-Collector Ausgänge (ULN2803A)

- 12 LEDs

- 3 Taster

- Direkter Steckverbinder zum Raspberry Pi

- On-Board Mikrocontroller Atmel ATmega328 MCU, Programm wird vom Raspberry Pi auf das Gertboard geladen

- Software und Manuals zeigen den Einsatz des Gertboards für die geschilderten Aufgaben. Alle erforderlichen Informationen stehen u.a. auf der Farnell Website zur Verfügung.

Weiterführende Links sind unter [34] zu finden.

10.9.1 [C] – GPIO

Die Gertboard C Test Suite kann von Element14 (http://www.element14.com) heruntergeladen werden. Nach Eingabe von „Gertboard" in das Suchfeld der Website wird man einen Link auf die Gertboard Test Suite mit dem Namen "Application Library for Gertboard" oder so ähnlich finden.

Ich habe dort beispielsweise das File *gertboard_sw_20130106.zip* zum Download vorgefunden. Nach dem Download dieses ZIP Files auf den Raspberry Pi sind noch die folgenden Schritte zur Installation notwendig:

```
$ unzip gertboard_sw_20130106.zip
$ cd gertboard_sw
$ make all
```

Mit dem ersten Kommando wird das ZIP File entpackt. Dabei wird das neue Verzeichnis *gertboard_sw* erstellt. Nach dem Wechsel in dieses Verzeichnis kann mit Hilfe von `make all` das komplette Paket compiliert werden.

In Listing 19 ist ein Beispiel aus der Gertboard C Test Suite gelistete, welches nach der Compilation durch

```
$ sudo ./butled
```

aufgerufen werden kann.

Alle Programmbeispiele der Gertboard C Test Suite sind sehr gut kommentiert, so dass sie ohne grössere Schwierigkeiten als Vorlage für eigene Entwicklungen eingesetzt werden können.

```
//=============================================================
//
// Button LED test
//
// main file
//
// This file is part of the gertboard test suite
//
// Copyright (C) Gert Jan van Loo & Myra VanInwegen 2012
// No rights reserved
// You may treat this program as if it was in the public domain
//
// THIS SOFTWARE IS PROVIDED BY THE COPYRIGHT HOLDERS AND CONTRIBUTORS "AS IS"
// AND ANY EXPRESS OR IMPLIED WARRANTIES, INCLUDING, BUT NOT LIMITED TO, THE
// IMPLIED WARRANTIES OF MERCHANTABILITY AND FITNESS FOR A PARTICULAR PURPOSE
// ARE DISCLAIMED. IN NO EVENT SHALL THE COPYRIGHT HOLDER OR CONTRIBUTORS BE
// LIABLE FOR ANY DIRECT, INDIRECT, INCIDENTAL, SPECIAL, EXEMPLARY, OR
// CONSEQUENTIAL DAMAGES (INCLUDING, BUT NOT LIMITED TO, PROCUREMENT OF
// SUBSTITUTE GOODS OR SERVICES; LOSS OF USE, DATA, OR PROFITS; OR BUSINESS
// INTERRUPTION) HOWEVER CAUSED AND ON ANY THEORY OF LIABILITY, WHETHER IN
// CONTRACT, STRICT LIABILITY, OR TORT (INCLUDING NEGLIGENCE OR OTHERWISE)
// ARISING IN ANY WAY OUT OF THE USE OF THIS SOFTWARE, EVEN IF ADVISED OF THE
```

```c
// POSSIBILITY OF SUCH DAMAGE.
//

#include "gb_common.h"

#include <stdio.h>
#include <string.h>
#include <stdlib.h>
#include <dirent.h>
#include <fcntl.h>
#include <assert.h>
#include <sys/mman.h>
#include <sys/types.h>
#include <sys/stat.h>

#include <unistd.h>

//
// Set GPIO pins to the right mode
// button-led test GPIO mapping:
//          Function            Mode
// GPIO0=   unused
//...
// GPIO22=  LED                 Output
// GPIO23=  Pushbutton (B3)     Input
//...
// Always call INP_GPIO(x) first
// as that is how the macros work

void setup_gpio()
{
   // for this test we are only using GP22, & 23
   INP_GPIO(22);
   INP_GPIO(23);

   // enable pull-up on GPIO 23 set pull to 2 (code for pull high)
   GPIO_PULL = 2;
   short_wait();
   // setting bit 23 below means that the GPIO_PULL is applied to GPIO 23
   GPIO_PULLCLK0 = 0x00800000;
   short_wait();
   GPIO_PULL = 0;
   GPIO_PULLCLK0 = 0;
} // setup_gpio

// remove pulling on pins so they can be used for something else next time
// gertboard is used
void unpull_pins()
{
   // to disable pull-up on GPIO 23, set pull to 0 (code for no pull)
   GPIO_PULL = 0;
   short_wait();
   // setting bit 23 below means that the GPIO_PULL is applied to GPIO 23
   GPIO_PULLCLK0 = 0x00800000;
   short_wait();
```

```
   GPIO_PULL = 0;
   GPIO_PULLCLK0 = 0;
} // unpull_pins

int main(void)
{ int r,d;
  unsigned int b,prev_b;
  char str [3];

  printf ("These are the connections for the button-LED:\n");
  printf ("GP23 in J2 --- B3 in J3\n");
  printf ("GP22 in J2 --- B6 in J3\n");
  printf ("U3-out-B3 pin 1 --- BUF6 in top header\n");
  printf ("jumper on U4-in-B6\n");
  printf ("When ready hit enter.\n");
  (void) getchar();

  // Map the I/O sections
  setup_io();

  // Set GPIO pins 23, 24, and 25 to the required mode
  setup_gpio();

  // read the switches a number of times and print out the result

  /* below we set prev_b to a number which will definitely be different
     from what the inputs return, as after shift & mask, b can only
     be in range 0..3 */
  prev_b = 4;

  r = 20; // number of repeats

  while (r)
  {
    b = GPIO_IN0;
    b = (b >> 22 ) & 0x03; // keep only bits 22 & 23
    if (b^prev_b)
    { // button or other input changed
      make_binary_string(2, b, str);
      printf("%s\n", str);
      prev_b = b;
      r--;
    } // change
  } // while

  // disable pull up on pins & unmap gpio
  unpull_pins();
  restore_io();

  return 0;
} // main
```

Listing 19 Quelltext *butled.c* (Teil der Gertboard C Test Suite)

163

10.9.2 [Python] – GPIO

Die Gertboard Python Test Suite kann direkt vom Raspberry Pi aus durch die folgenden Schritte installiert werden:

```
$ wget http://raspi.tv/download/GB_Python.zip
$ unzip GB_Python.zip
$ cd GB_Python
```

Mit dem ersten Kommando wird das File *GP_Python.zip* von der Website http://raspi.tv heruntergeladen und mit dem nächsten Kommando entpackt. Dabei wird das neue Verzeichnis GB_Python erstellt. Nach dem Wechsel in dieses Verzeichnis kann mit Hilfe von **make all** das komplette Paket compiliert werden.

In Listing 20 ist ein Beispiel aus der Gertboard Python Test Suite gelistete, welches nach der Compilation durch

```
$ sudo python butled-rg
```

aufgerufen werden kann.

Auch die Programmbeispiele der Gertboard Python Test Suite sind sehr gut kommentiert, so dass sie ohne grössere Schwierigkeiten als Vorlage für eigene Entwicklungen eingesetzt werden können. Eine umfangreiche README, die in einem Editor gelesen werden kann, stellt zusätzliche Informationen bereit.

```python
#!/usr/bin/env python2.7
# Python 2.7 version by Alex Eames of http://RasPi.TV
# functionally equivalent to the Gertboard butled test
# by Gert Jan van Loo & Myra VanInwegen
# Use at your own risk - I'm pretty sure the code is harmless,
# but check it yourself.

import RPi.GPIO as GPIO
import sys
board_type = sys.argv[-1]

GPIO.setmode(GPIO.BCM)                          # initialise RPi.GPIO

# set up ports 23 for input pulled-up high
GPIO.setup(23, GPIO.IN, pull_up_down=GPIO.PUD_UP)
GPIO.setup(22, GPIO.IN)                         # 22 normal input no pullup

if board_type == "m":
    print "These are the connections you must make on the Multiface for this test:"
    print "GPIO 23 --- 3 in BUFFERS"
    print "GPIO 22 --- 6 in BUFFERS"
    print "BUFFER DIRECTION SETTINGS 3, pin 2 --- 6 in top header (next to leds)"
```

```
        print "jumper on BUFFER DIRECTION SETTINGS 'IN' 6"

else:
        print "These are the connections you must make on the Gertboard for this
test:"
        print "GP23 in J2 --- B3 in J3"
        print "GP22 in J2 --- B6 in J3"
        print "U3-out-B3 pin 1 --- BUF6 in top header"
        print "jumper on U4-in-B6"
raw_input("When ready hit enter.\n")

button_press = 0                              # set intial values for variables
previous_status = ''

try:
        # read inputs constantly until 19 changes are made
        while button_press < 20:
                # put input values in a list variable
                status_list = [GPIO.input(23), GPIO.input(22)]
                for i in range(0,2):
                        if status_list[i]:
                                status_list[i] = "1"
                        else:
                                status_list[i] = "0"
                                # dump current status values in a variable
                current_status = ''.join((status_list[0],status_list[1]))
                                # if that variable not same as last time
                if current_status != previous_status:
                        print current_status   # print the results
                                # update status variable for next comparison
                        previous_status = current_status
                        button_press += 1     # increment button_press counter

except KeyboardInterrupt:                   # trap a CTRL+C keyboard interrupt
        GPIO.cleanup()                        # resets all GPIO ports
GPIO.cleanup()                              # on exit, reset  GPIO ports used by program
```

Listing 20   Quelltext butled-rg.py (Teil der Gertboard Python Test Suite)

10.10 Arduino Bridge

Die spanische Firma Libelium stellt mit „cooking hacks" eine Plattform zur Verfügung, die das Experimentieren mit dem „Internet of Things" unterstützt
(www.cooking-hacks.com).

An dieser Stelle ist das Board mit dem sperrigen Namen „Raspberry Pi to Arduino Shields Connection Bridge" (im Folgenden kurz Arduino Bridge genannt) von
besonderem Interesse, da dieses Shield die Welt der Arduino Shields mit dem
Raspberry Pi verbindet. Abbildung 122 zeigt eine auf einen Raspberry Pi aufge-
steckte Arduino Bridge.

Abbildung 122   Arduino Bridge

Die Arduino Bridge ist zum Arduino bezüglich der Interfaces weitgehende kompatibel bzw. stellt eine erweiterte Funktionalität bereit:

- 8 digitale Ein-/ Ausgänge
- Serielles Interface (RxD/TxD)
- I^2C Bus (SDA, SCL)
- SPI Interface (SCK, MISO, MOSI, CS) - alternativ GPIO
- 8-Kanal 12-Bit AD-Converter LTC2309
- Sockel für wireless Module
- Schalter für externe Spannungsversorgung

Auf der Website von "cooking hacks" ist ein ausführliches Tutorial zur Arduino Bridge zu finden [35].

Die bei der Arduino Bridge zur Verfügung stehenden Anschlussmöglichkeiten zeigt Abbildung 123. Neben den Veränderungen bei den Analogeingängen sticht vor allem der XBee-Sockel hervor. Tabelle 19 zeigt die Zuordnung der Anschlüsse der Arduino Bridge zum Arduino Due.

Abbildung 123 Arduino Bridge – Anschlussmöglichkeiten

Arduino Uno	AREF	GND	IO13	IO12	IO11	IO10	IO 9	8	7	6	5	4	3	2	Tx	Rx
Arduino Bridge		GND	SCK	MISO	MOSI	CS	9	8	7	6	5	4	3	2	Tx	Rx
				3V3	5V	GND	GND	GND	A0	A1	A2	A3	SDA	SCL		
Arduino Uno			RET	3V3	5V	GND	GND	Vin	A0	A1	A2	A3	A4	A5		

Tabelle 19 Zuordnung der Pins von Arduino Bridge und Arduino Duo

Werden der SPI- oder der I²C-Bus nicht benötigt, dann kann der betreffende Anschluss auch als GPIO verwendet werden.

Tabelle 9 hatte die Alternativfunktionen für Raspberry Pi Rev. 1 gezeigt, während Tabelle 10 das für die Rev. 2 gezeigt hatte.

10.10.1 [C] - Library *arduPi*

Neben der Hardware ist vor allem die Software für die Arduino-Kompatibilität verantwortlich. Mit Hilfe der Library *arduPi* bekommen wir eine Möglichkeit in die Hand, den Raspberry Pi wie einen Arduino programmieren zu können. Die oben gezeigten Interfaces sind leicht zugänglich und somit auch die Welt der Arduino-Shields.

Von der Website des Boardherstellers können wir derzeit die Library *arduPi* in der Version 1.5 herunterladen [36], die wir am besten auf einem frischen Raspbian Image installieren.

Das heruntergeladene Archive *arduPi_1-5.tar.gz* entpacken wir wie folgt:

```
$ tar -xzvf arduPi_1-5.tar.gz
```

Bevor wird diese Library einsetzen können, werden wir sie separat compilieren und ein linkbares Objektfile erzeugen.

```
$ g++ -c arduPi.cpp -o arduPi.o
```

Die Library *arduPi* ist eine C++ Library, weshalb hier der Compiler *g++* eingesetzt werden muss. Das erhaltene Objektfile kann dann zum Anwendungsprogramm gelinkt werden. Die Library *arduPi* erwartet einen Raspberry Pi mit der Hardware Rev. 2, was hauptsächlich für die I^2C-Bus Anwendungen zu beachten ist

Zur Erstellung des Anwendungsprogramms kann das vom Arduino her bekannte Template (Listing 21) verwendet werden. Die Initialisierung der verschiedenen Hardware- und Softwarekomponenten wird durch die Funktion setup() gekapselt, während der in der Endlosschleife laufende Programmteil durch die Funktion loop() gekapselt werden kann.

```
#include "arduPi.h"

/************************************************************
 *  IF YOUR ARDUINO CODE HAS OTHER FUNCTIONS APART FROM  *
 *  setup() AND loop() YOU MUST DECLARE THEM HERE        *
 *  ***********************************************************/

/**************************
 * YOUR ARDUINO CODE HERE *
 * **********************/

int main ()
{
   setup();
   while(1)
   {
      loop();
   }
   return (0);
}
```

Listing 21   Arduino Template

Der Vollständigkeit halber sollen hier noch einige Funktionen genannt werden, die allgemeinen Charakter haben und nicht direkt einem bestimmten Interface zugeordnet werden können.

Instruktion	Erläuterung
delay(millis);	Verzögerung in ms
delayMicroseconds(micros);	Verzögerung in us
attachInterrupt(interrupt, function, mode)	Interrupthandler verknüpfen
detachInterrupt(interrupt);	Interrupthandler lösen

Wenn wir mit Hilfe des Templates ein Anwendungsprogramm mit dem beispielhaften Programmnamen *my_sample.cpp* erstellt haben, dann erfolgt der Aufruf des Compilers (und des Linkers) in der Form:

```
$ g++ -lrt -lpthread my_sample.cpp arduPi.o -o my_sample
```

Die Option –lrt ist notwendig, weil die Library *arduPi* die Funktion clock_gettime() aus *time.h* verwendet und die Option -lpthread ist notwendig, weil die Funktionen attachInterrupt() und detachInterrupt() Threads verwenden.

Ist das Programm fehlerfrei compiliert, dann kann es in der üblichen Weise gestartet werden:

```
$ sudo ./my_sample
```

Mi den folgenden Anwendungsbeispielen soll die Programmentwicklung für die Arduino Bridge mit Hilfe der Library *arduPi* verdeutlicht werden.

10.10.2 [C] – GPIO

Tabelle 20 zeigt die von der Library *arduPi* bereitgestellten Instruktionen zur Ein-/Ausgabe.

Instruktion	Erläuterung
pinMode(pin, INPUT|OUTPUT)	Pin als Input/Output deklarieren
digitalWrite(pin, HIGH|LOW)	Schreiben eines digitalen Ausgangs
digitalRead(pin)	Lesen eines digitalen Ausgangs
int analogRead (apin)	Lesen eines analogen Eingangs
shiftIn (dPin, cPin, LSBFIRST|MSBFIRST)	Synchrone serielle Dateneingabe
shiftOut (dPin, cPin, LSBFIRST|MSBFIRST)	Synchrone serielle Datenausgabe

Tabelle 20 arduPi GPIO Instruktionen

Bei der digitalen Ein-/Ausgabe wird durch `pinMode()` ein IO-Pin als digitaler Eingang oder Ausgang initialisiert und kann dann mit digitalRead() gelesen oder mit `digitalWrite()` beschrieben werden.

Ein erstes Programmbeispiel soll den „Arduino-Mode" des Raspberry Pi an Beispiel der digitalen Ausgabe verdeutlichen. Listing 22 zeigt hierzu den Quelltext des Programmbeispiels *blink.cpp*.

IO Pin 9 wird hier als Ausgang deklariert und in der Funktion setup() initialisiert, um von diesem eine LED anzusteuern. Die Funktion flash() übernimmt das Toggeln der LED. Die Funktion `loop()` wird in `main()` periodisch aufgerufen und beinhaltet damit alle weiteren Programmaktivitäten, die hier im Aufruf der Funktionen `flash()` und `delay(500)` bestehen. Durch die eingestellte Verzögerungszeit von 500 ms erhalten wir eine im Sekundentakt blinkende LED.

```
#include "arduPi.h"

// Title    : blink
// Author   : Claus Kuehnel (info@ckuehnel.ch)
// Date     : 2013-05-05
//
// DISCLAIMER:
// The author is in no way responsible for any problems or
// damage caused by using this code. Use at your own risk.
//
// LICENSE:
// This code is distributed under the GNU Public License
// which can be found at http://www.gnu.org/licenses/gpl.txt

const int LED = 9;         // LED on Pin9

void flash()               // Toggle LED
{
    static boolean output = HIGH;

    digitalWrite(LED, output);
    output = !output;
}

void setup()
{
    pinMode(LED, OUTPUT);
}

void loop()
{
    flash();
    delay(500);
}


int main ()
{
```

```
setup();
while(1)
{
    loop();
}
return (0);
}
```
Listing 22 Quelltext *blink.cpp*

Unser Programmbeispiel ist noch zu compilieren, bevor es zur Ausführung gebracht werden kann. Die folgenden beiden Kommandos erledigen das:

```
$ g++ -lrt -lpthread blink.cpp arduPi.o -o blink
$ sudo ./blink
```

Hardwareseitig wurde das Arduino ProtoShield Kit von Sparkfun eingesetzt.
Abbildung 124 zeigt das ProtoShield Schema. Dargestellt ist aber nur die Beschaltung der Stifte JC1 bis JC3. Die Stiftleisten auf dem ProtoShield sind aus-
nahmslos bezeichnet.

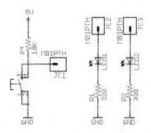

Abbildung 124   Arduino ProtoShield Schema

Wir haben also nur noch einen der Stifte JC2 (gelbe LED) oder JC3 (rote LED)
mit IO9 zu verbinden auf dem Arduino ProtoShield zu verbinden und die LED
sollte blinken (Abbildung 125).

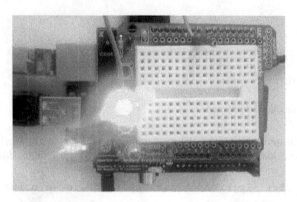

Abbildung 125   Arduino ProtoShield Kit auf Arduino Bridge/Raspberry Pi

Mit der Instruktion `analogRead()` wird ein Kanal des 12-Bit AD-Umsetzers gelesen, das Resultat wird aber auf einen 10-Bit Wert skaliert, so dass vom Datenformat her Kompatibilität zum Arduino besteht.

Diese Skalierung lässt sich im File *ardupi.cpp* leicht auskommentieren, wodurch dann (nach Neucompilation der Library) die volle Auflösung des AD-Umsetzers zur Verfügung steht.

Zu Bedenken gilt aber, dass nur bei störungsarmem Aufbau diese Auflösung genutzt werden kann. Bei 12 Bit Auflösung ist der einem Bit zuzuordnende Spannungswert immer hin kleiner als 0.1 mV! In Abschnitt 10.10.5 wird die AD-Umsetzung noch ausführlich betrachtet.

Die beiden Instruktionen `shiftIn()` und `shiftOut()`sind synchrone serielle Schiebeoperationen, die durch die Softwareimplementierung beliebigen IO-Pins zugeordnet werden können. Die Hardware-SPI ist bezüglich der zu verwendenden IO-Pins festgelegt. Mit MSBFIRST oder LSBFIRST kann festgelegt werden, in welcher Reihenfolge die Bits geschoben werden.

10.10.3   [C] – SPI

Tabelle 21 zeigt die von der Library *arduPi* bereitgestellten Instruktionen für das SPI-Interface.

Instruktion	Erläuterung
`SPI.begin()`	Initialisierung der IO Pins, um den Zugriff auf SPI0 zu ermöglichen
`SPI.end()`	Rücksetzen der IO Pins auf Input
`SPI.setBitOrder(LSBFIRST│MSBFIRST)`	Setzen der Reihenfolge der zu übertragenden Datenbits. Nur MSBFIRST ist unterstützt.

`SPI.clockDivider(SPI_CLOCK_DIV256)`	Setzen des SPI Clocks (hier 1 MHz)
`SPI.DataMode(SPI_MODEx)`	Setzen des SPI Modes (Tabelle 22)
`SPI.chipSelect(cs)`	Auswahl Chip Select (Tabelle 23)
`SPI.chipSelectPolarity(cs, activity)`	Auswahl Chip Select Polarität
`SPI.transfer(byte)`	Transfer eines Bytes
`SPI.tansfernb(byte, number)`	Transfer mehrerer Bytes

Tabelle 21   arduPi SPI Instruktionen

SPI Mode	CPOL	CPHA
SPI_MODE0 = 0	0	0
SPI_MODE1 = 1	0	1
SPI_MODE2 = 2	1	0
SPI_MODE3 = 3	1	1

Tabelle 22   SPI Modes

Die verschiedenen Bausteine mit SPI-Interface zeigen bezüglich der Polarität des Clocks (CPOL) und des Abtastzeitpunktes (CPHA) unterschiedliches Verhalten, dem man mit der Einstellung des SPI Modes gerecht werden kann. Abbildung 126 zeigt die vier verschiedenen SPI Modi und die dazugehörigen Signale.

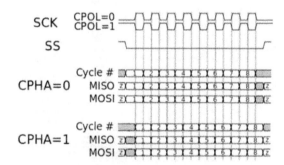

Abbildung 126   SPI Modi
(image from Wikimedia Commons, *http://commons.wikimedia.org*)

CS Mode	CS
SPI_CS0	CS0
SPI_CS1	CS1
SPI_CS2	CS2
SPI_CS_NONE	No CS

Tabelle 23   CS Modi

173

Zu Inbetriebnahme und Test des Datentransfers via SPI verbinden wir wieder MOSI und MISO, um direkt die gesendeten Daten wieder einzulesen. Das Programmbeispiel *spi_test.cpp* gestaltet sich unter dieser Voraussetzung auch recht einfach (Listing 23).

```cpp
//Include arduPi library
#include "arduPi.h"

// Title    : spi_test.cpp
// Author   : Claus Kuehnel (info@ckuehnel.ch)
// Date     : 2013-05-05
//
// DISCLAIMER:
// The author is in no way responsible for any problems or
// damage caused by using this code. Use at your own risk.
//
// LICENSE:
// This code is distributed under the GNU Public License
// which can be found at http://www.gnu.org/licenses/gpl.txt

const int csPin = 10;
byte spattern = 0;

void setup()
{
  char c;

  pinMode(csPin, OUTPUT);
  digitalWrite(csPin, HIGH);

  printf("SPI Test\n");
  printf("You can check CS (IO10) and SCK (IO13) by oscilloscope\n");
  printf("SPI output will be read back.\n");
  printf("Please connect MOSI (IO11) & MISO (IO12).\n");
  printf("When connected press Enter!\n");
  scanf("%c", &c);

  SPI.begin(); //Start the SPI hardware
  SPI.setClockDivider(SPI_CLOCK_DIV128); //Slow down the master clock
}

void loop()
{
  byte rpattern;

  printf("Sent byte:     %02X\n", spattern);

  digitalWrite(csPin, LOW);           // Select SPI device by CS lo
  rpattern = SPI.transfer(spattern);  // Transfer one byte
  digitalWrite(csPin, HIGH);          // Deselect SPI device by CS hi

  printf("Received byte: %02X\n\n", rpattern);
```

```
  spattern++;
  if (spattern == 256) spattern = 0;
  delay(500);
}


int main ()

{
  setup();
  while(1)
  {
    loop();
  }
  return (0);
}
```
Listing 23   Quelltext *spi_test.cpp*

Neben einigen Textausgaben wird in der Funktion `setup()` nur noch das SPI Interface initialisiert, ein separat zu bedienender CS eingerichtet und der SPI Clock auf einen mittleren Wert reduziert.

In der Endlosschleife `loop()` steht in der Variablen `spattern` das zu sendende Bitmuster, während in der Variablen `rpattern` der zurückgelesene Wert abgelegt ist. Bei jedem Schleifendurchlauf wird die Variable `spattern` inkrementiert was sich auch in `rpattern` wiederspiegeln muss. Trennt man nun die Verbindung von MOSI und MISO, dann wird zwar `spattern` weiterhin inkrementiert und gesendet, doch `rpattern` wird permanent mit 0 beschrieben werden.

Abbildung 127 zeigt Compilation und Aufruf des Programmbeispiels *spi_test* sowie die erzeugten Ausgaben. Mit Ctrl-C wurde das Programm nach dem vierten Schleifendurchlauf abgebrochen.

```
                    pi@raspberrypi: ~                    _ □ ×
File  Edit  Tabs  Help
pi@raspberrypi ~ $ g++ -lrt -lpthread spi_test.cpp arduPi.o -o spi_test
pi@raspberrypi ~ $ sudo ./spi_test
SPI Test
You can check CS (IO10) and SCK (IO13) by oscilloscope
SPI output will be read back.
Please connect MOSI (IO11) & MISO (IO12).
when connected press Enter!

Sent byte:    00
Received byte: 00

Sent byte:    01
Received byte: 01

Sent byte:    02
Received byte: 02

Sent byte:    03
Received byte: 03

pi@raspberrypi ~ $ ▊
```

Abbildung 127   Aufruf und Ausgabe Programmbeispiel *spi_test*

10.10.4   [C] – I^{2}C-Bus

Die in Tabelle 24 zeigt die von der Library *arduPi* bereitgestellten Instruktionen zum Datenaustausch über den I^{2}C-Bus.

Instruktion	Erläuterung
Wire.begin()	Initialisieren und Zugriff auf den I^{2}C-Bus
Wire.beginTransmission(address)	Schreibzugriff auf I^{2}C-Device
Wire.endTransmission()	Ende des Schreibzugriffs
Wire.requestFrom(address, quantity)	Lesezugriff auf I^{2}C-Device
Wire.write(data)	Schreiben eines Bytes zum I^{2}C-Bus
Wire.read()	Lesen eines Bytes vom I^{2}C-Bus

Tabelle 24   arduPi I^{2}C Instruktionen

Im nächsten Abschnitt werden wir uns mit dem AD-Converter der Arduino Bridge befassen. Der zum Einsatz kommende AD-Umsetzer LTC2309 kommuniziert mit dem Raspberry Pi über den I^{2}C-Bis.

Das Programmbeispiel *adc.cpp* verdeutlicht die Verwendung der in Tabelle 24 vorgestellten I^{2}C-Bus Instruktionen (Listing 25).

10.10.5   [C] – AD-Converter

Die Arduino Bridge weist mit dem LTC2309 einen 12-Bit AD-Umsetzer auf wodurch es möglich wird, Signale von nahezu beliebigen Sensoren mit einem

Spannungsausgang vom Raspberry Pi mit höherer Genauigkeit als mit einem Arduino zu erfassen. Der Datenaustausch zwischen dem AD-Umsetzer und dem Raspberry Pi geschieht über den I²C-Bus.

Aus Kompatibilitätsgründen steht aber auch weiterhin die Funktion analog-Read() zur Verfügung, bei der das Ergebnis der AD-Umsetzung auf 10-Bit skaliert wird. Listing 24 zeigt den Quelltext für das Anwendungsbeispiel *adc_lo.cpp*.

```
//Include arduPi library
#include "arduPi.h"

// Title      : adc_lo.cpp
// Author     : Claus Kuehnel
// Date       : 2013-05-05
//
// DISCLAIMER:
// The author is in no way responsible for any problems or damage caused by
// using this code. Use at your own risk.
//
// LICENSE:
// This code is distributed under the GNU Public License
// which can be found at http://www.gnu.org/licenses/gpl.txt
//

#define DEBUG 1               // for debug output set to 1

const byte LED = 9;

unsigned int value;

void setup()
{
  int rev;

  pinMode(LED, OUTPUT);
  printf("Low Resolution ADC Channel 7\n");
  rev = getBoardRev();
  printf("Board Rev. %d\n",rev);
  if (rev != 2)
  {
    printf("This arduPi library needs Raspberry Pi Rev. 2\n");
    exit(1);
  }
}

void loop()
{
    digitalWrite(LED, HIGH);
    value = analogRead(7); // A7 is used as analog in
    digitalWrite(LED, LOW);
    if (DEBUG) printf("digital value = 0x%04X   ", value);
    printf("voltage = %1.3f V\n", value * 5./1024);
    delay(1000);
```

```
}

int main ()
{
  setup();
  while(1)
  {
    loop();
  }
  return (0);
}
```
Listing 24   Quelltext *adc_lo.cpp*

Für diejenigen, die Grundkenntnisse zum Arduino besitzen, sollte das Programmbeispiel *adc_lo.cpp* nichts wesentlich Neues bieten.

In der Funktion `setup()` wird neben der Initialisierung eines digitalen Ausgangs zur Ansteuerung einer LED die Board Revision abgefragt. Da der AD-Umsetzer auf der Arduino Bridge über den I²C-Bus angesteuert wird, ist der Einsatz eines Raspberry Pi Rev.2 hier zwingend.

In der Endlosschleife wird die LED eingeschaltet, anschließend eine AD-Umsetzung über den Analogeingang A7 durch `analogRead(7)` gestartet und das Ergebnis zurück gelesen und schließlich die LED wieder ausgeschaltet.

Das Ergebnis der AD-Umsetzung wird, gesteuert durch DEBUG als digitaler Wert, aber in jedem Fall als Spannungswert skaliert auf 10 Bit über die Console ausgegeben. Nach einer Wartezeit von einer Sekunde wiederholt sich dieser Vorgang.

Abbildung 128 zeigt Compilation und Aufruf des Programmbeispiels *adc_lo* sowie die erzeugten Ausgaben. Analogeingang A7 wurde mit der 5V Spannung auf der Arduino Bridge verbunden, um einen Full-Scale-Output zur erzeugen.

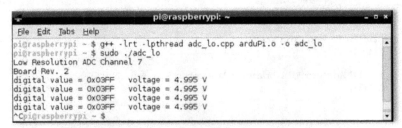

Abbildung 128   Aufruf und Ausgabe Programmbeispiel *adc_lo*

Wenn die Arduino Bridge schon den höherauflösenden AD-Umsetzer gegenüber dem Arduino besitzt, dann wird man diesen in vielen Fällen auch nutzen wollen. Im Programmbeispiel *adc.cpp* (Listing 25) wird der AD-Umsetzer als I²C-Device angesteuert.

178

```
/*
 *  adc.cpp
 *  Access to LTC2309 ADC on Arduino Bridge
 *  modified Libelium source code
 *  2013 - Claus Kuehnel (info@ckuehnel.ch)
 *
 *  Copyright (C) 2012 Libelium Comunicaciones Distribuidas S.L.
 *  http://www.libelium.com
 *
 *  This program is free software: you can redistribute it and/or modify
 *  it under the terms of the GNU General Public License as published by
 *  the Free Software Foundation, either version 3 of the License, or
 *  (at your option) any later version.
 *
 *  This program is distributed in the hope that it will be useful,
 *  but WITHOUT ANY WARRANTY; without even the implied warranty of
 *  MERCHANTABILITY or FITNESS FOR A PARTICULAR PURPOSE.  See the
 *  GNU General Public License for more details.
 *
 *  You should have received a copy of the GNU General Public License
 *  along with this program.  If not, see .
 *
 *  Version 0.1
 *  Author: Anartz Nuin Jim?nez
 */

//Include arduPi library
#include "arduPi.h"

const int LTC2309_ADDR = 0x08; // AD1 & AD0 both Lo

byte val_0 = 0;
byte val_1 = 0;
int count = 0;
float analog = 0.0;

byte channel[] = {0xDC, 0x9C, 0xCC, 0x8C, 0xAC, 0xEC, 0xBC, 0xFC};

void setup()
{
  int rev;

  Wire.begin(); // join i2c bus
  printf("High Resolution ADC\n");
  rev = getBoardRev();
  printf("Board Rev. %d\n",rev);
  if (rev != 2)
  {
    printf("This arduPi library needs Raspberry Pi Rev. 2\n");
    exit(1);
  }
}

void loop()
{
```

```
unsigned char i;

for(i=0; i<sizeof(channel) / sizeof(char); i++)
{
  Wire.beginTransmission(LTC2309_ADDR);
  Wire.write(channel[i]);

  val_0 = Wire.read(); // receive high byte (overwrites previous reading)
  val_1 = Wire.read();

  count = int(val_0<<4) + int(val_1>>4);
  analog = count * 5.0 / 4096.0;

  printf("Channel %d:   digital value = 0x%04X   ", i, count);
  printf(" analog value = %1.3f V\n", analog);
  }
  printf("\n");
  delay(5000);
}

int main ()
{
  setup();
  while(1)
  {
    loop();
  }
  return (0);
}
```

Listing 25 Quelltext *adc.cpp*

Die Unterschiede zum Programmbeispiel *adc_lo.cpp* liegen vor allem im Programmteil `loop()`. Auf die LED wurde außerdem verzichtet.

Der AD-Umsetzer wird über seine Deviceadresse adressiert. Darauffolgend wird ihm die Kanalselektion mitgeteilt, deren Muster im Array `channel[]` abgelegt sind. Dann können die zwei Ergebnisbytes gelesen und mit Hilfe entsprechender Schiebeoperationen in der Variablen `count` abgelegt werden. Die tabellarische Übersicht soll diese Operationen verdeutlichen:

7	6	5	4	3	2	1	0	7	6	5	4	3	2	1	0
B11	B10	B9	B8	B7	B6	B5	B4	B3	B2	B1	B0	x	x	x	x
0	0	0	0	0	0	0	0	0	0	0	0	B3	B2	B1	B0
0	0	0	0	B11	B10	B9	B8	B7	B6	B5	B4	0	0	0	0
0	0	0	0	B11	B10	B9	B8	B7	B6	B5	B4	B3	B2	B1	B0

Das Ergebnis der AD-Umsetzung wird linksbündig geliefert. Die Bits B11-B4 bilden das Hi-Byte und die Bits B3-B0 das Lo-Byte. Um nun ein rechtsbündiges 12-Bit Resultat zu erzeugen, wird das Lo-Byte vier Bits nach rechts geschoben (Zeile 2). Die restlichen Bits des Integerformats sind 0. Die Bits des Hi-Bytes werden vier Positionen nach links verschoben (Zeile 3), damit man durch Addition der beiden Integer-Werte das Resultat zusammensetzen kann (Zeile 4).

Das Ergebnis der AD-Umsetzung wird für jeden Kanal als digitaler und analoger Wert ausgegeben. Nach einer Wartezeit von fünf Sekunde wiederholt sich dieser Vorgang.

Abbildung 129 zeigt Compilation und Aufruf des Programmbeispiels *adc* sowie die erzeugten Ausgaben. Analogeingang A7 wurde wieder mit der 5V Spannung auf der Arduino Bridge verbunden, um einen Full-Scale-Output zur erzeugen. Analogeingang A6 wurde mit der 3.3 V Spannung und A5 mit GND verbunden. Die anderen Analogeingänge sind unbeschaltet (floating).

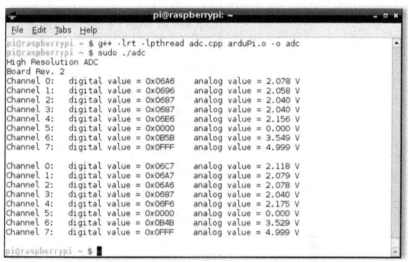

Abbildung 129   Start und Ausgaben des Programms *adc*

10.10.6   [C] – UART

Der Zugriff auf die Serielle Schnittstelle (UART) des Raspberry Pi ist mit der arduPi Library vergleichbar zum Arduino, bietet aber darüber hinaus erweiterte Möglichkeiten.

Tabelle 25 zeigt eine Übersicht zu den umfangreichen UART Instruktionen. Für weitergehende Informationen empfiehlt es sich, in der betreffenden Kommandoreferenz unter http://arduino.cc/en/Reference/serial nachzuschlagen.

Instruktion	Erläuterung
Serial.begin(baud)	Setzen der Baudrate für UART
Serial.available()	Gibt die Anzahl von Bytes im Empfangspuffer zurück
Serial.read()	Liest Daten aus dem Empfangspuffer
Serial.readBytes(buffer, length)	Liest eine definierte Anzahl von Bytes in einen Buffer, ggf. beendet durch TimeOut
Serial.readBytesUntil (char,buffer,length)	Liest eine definierte Anzahl von Bytes in einen Buffer bis zum Terminator, ggf. beendet durch TimeOut
Serial.find(target)	Liest serielle Daten bis der Targetstring gefunden wurde
Serial.findUntil(target, char)	Liest serielle Daten bis der Targetstring oder der Terminator gefunden wurde
Serial.parseInt()	Sucht nach dem nächsten Integer im seriellen Datenstrom (beendet durch TimeOut)
Serial.parseFloat()	Sucht nach dem nächsten Float im seriellen Datenstrom (beendet durch TimeOut)
Serial.peek()	Liest das nächste Byte aus dem seriellen Datenstrom, ohne es aus dem Empfangspuffer zu löschen.
Serial.print()	Sendet Daten in lesbarer Form (ASCII)
Serial.println()	Sendet Daten in lesbarer Form (ASCII) gefolgt von CR/LF
Serial.write()	Sendet binäre Daten
Serial.flush()	Wartet auf den Abschluss der Datenübertragung
Serial.setTimeout(millis)	Setzt einen TimeOut (default 1 s)
Serial.end()	Disables UART, Pins frei für GPIO

Tabelle 25   arduPi UART Instruktionen

Zu Inbetriebnahme und Test des Datentransfers via UART verbinden wir TX und RX, um direkt die gesendeten Daten wieder einzulesen.

Das Programmbeispiel *uart_test.cpp* gestaltet sich unter dieser Voraussetzung wiederum recht einfach (Listing 26).

```
//Include arduPi library
#include "arduPi.h"

// Title    : uart_test.cpp
// Author   : Claus Kuehnel (info@ckuehnel.ch)
// Date     : 2013-07-20
//
// DISCLAIMER:
```

```cpp
// The author is in no way responsible for any problems or
// damage caused by using this code. Use at your own risk.
//
// LICENSE:
// This code is distributed under the GNU Public License
// which can be found at http://www.gnu.org/licenses/gpl.txt

byte spattern = 0;

void setup()
{
  char c;

  printf("UART Test\n");
  printf("You can check TX (IO1) or RX (IO2) by oscilloscope\n");
  printf("UART output will be read back.\n");
  printf("Please connect TX (IO1) & RX (IO2).\n");
  printf("When connected press Enter!\n");
  scanf("%c", &c);

  Serial.begin(9600); //Initialize the UART hardware
}

void loop()
{
  byte rpattern;

  printf("Sent byte:     %02X\n", spattern);

  Serial.print(spattern); // Transfer one byte

  while(Serial.available())
  {
    rpattern = Serial.read();
  }

  printf("Received byte: %02X\n\n", rpattern);

  spattern++;
  if (spattern == 256) spattern = 0;
  delay(500);
}

int main ()

{
  setup();
  while(1)
  {
    loop();
  }
  return (0);
}
```

Listing 26 Quelltext *uart_test.cpp*

10.11 GNUBLIN-Module

Von der Fa. embedded projects (http://gnublin.embedded-projects.net/) wird nicht nur der in Tabelle 11 enthaltene GNUBLIN-Controller auf Basis eines NXP LPC3131 mit 180 MHz Taktfrequenz angeboten, sondern die Palette von insgesamt angebotenen Controllern durch interessante Peripheriemodule unterstützt, die auch als Erweiterung für den Raspberry Pi eingesetzt werden können. Einen Eindruck von der angebotenen Palette an Peripheriemodulen soll Abbildung 130 vermitteln.

Die Verbindung der Peripheriemodule mit dem Raspberry Pi übernimmt das GNUBLIN Module-GnuPi, ein passives Adapterboard mit fünf Steckerleisten zum Anschluss von Peripheriemodulen.

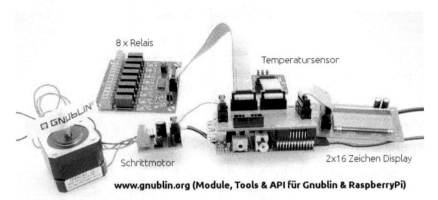

www.gnublin.org (Module, Tools & API für Gnublin & RaspberryPi)

Abbildung 130   GNUBLIN-Peripheriemodule am Raspberry Pi

Die GNUBLIN Website ist sehr gut ausgestattet mit Hinweisen und Beispielprogrammen zu den verschiedenen Peripheriemodulen. Alle Details sind in einem Tutorial unter http://wiki.gnublin.org/index.php/Tutorial_API_RaspberryPi sehr ausführlich dargestellt.

Hier wollen wir das 2x16-Zeichen-Display (Abbildung 131) über das GnuPi-Modul mit dem Raspberry Pi verbinden und über SPI ansteuern. Tabelle 26 zeigt die von der GNUBLIN Library zur Verfügung gestellten Methoden zur Ansteuerung des GNUBLIN LCD-Moduls.

Abbildung 131   2x16 Zeichen Display mit EA DOGM162L-A

Instruktion	Erläuterung
gnublin_module_dogm()	Setzt die Standard RS-Pins. Raspberry PI: GPIO4
clear()	Löscht den Inhalt des Displays
controlDisplay (power,cursor,blink)	Setzt Displayparameter (Power On/Off, Cursor On/Off, Cursormode)
init()	Initialisiert das Display
offset(num)	Setzt den Cursor an eine bestimmte Position
print(buffer)	Schreibt einen String ins Display
print(buffer,line)	Schreibt einen String in eine bestimmte Zeile des Displays
print(buffer,line,offset)	Schreibt einen String in eine bestimmte Zeile mit vorgegebenem Offset ins Display
setCS()	Setzt den benutzerdefinierten CS-Pin
setRSPin()	Setzt den benutzerdefinierten RS-Pin
shift(num)	Verschiebt den Displayinhalt

Tabelle 26   Elemente der Klasse gnublin_module_dogm

Die Ansteuerung des 2x16-Zeichen-Displays wird bei Einsatz der GNUBLIN API recht einfach. Listing 27 zeigt die Initialisierung des Displays und einige Ausgabeoperationen, die die grundlegenden Anzeigefunktionen verdeutlichen.

Da die Library durch Portierung vom GNUBLIN Board zum Raspberry Pi entstanden ist, muss durch #define BOARD RASPBERRY_PI sichergestellt werden, dass der Library die controllerspezifische Parametrisierung vornehmen kann.

```
#define BOARD RASPBERRY_PI

#include "gnublin.h"

int main()
{
  gnublin_module_dogm dogm;

// dogm.setRsPin(14);
// dogm.setCS(11);

  dogm.offset(2);
  dogm.print("Hallo Welt");

  sleep(2);

  dogm.clear();
  dogm.print("Zeile 1", 1);
  dogm.print("Zeile 2", 2);
  dogm.shift(5);

  sleep(2);

  dogm.returnHome();
  dogm.clear();
  dogm.print("Zeile 1, Offset 2", 1, 2);

  sleep(2);

  dogm.controlDisplay(0,1,0);
}
```

Listing 27 Quelltext *dogm_test.cpp*

10.12 AlaMode

AlaMode ist ein arduino-kompatibles Board, welches die Arduino-Welt ein-schliesslich deren zahlreichen Shields über den GPIO-Anschluss dem Raspberry Pi zur Verfügung stellt. Abbildung 132 zeigt ein auf einen Raspberry Pi aufgestecktes AlaMode Board. Die arduino-spezifischen Buchsenleisten zur Aufnahme der Shields sind deutlich zu erkennen.

Abbildung 132   Alamode auf Raspberry Pi aufgesteckt

Das AlaMode Board weist einen Mikrocontroller ATmega328P, eine Echtzeituhr (RTC) mit Batterie-Backup, einen Steckplatz für eine microSD-Karte, einen Resettaster sowie das Standard-Shield-Interface auf und ist damit ein arduinokompatibles Mikrocontrollerboard.

Die Kommunikation zwischen AlaMode und Raspberry Pi kann über I^2C, SPI oder (seriellen) UART erfolgen.

Die Programmentwicklung für AlaMode kann auf dem Raspberry Pi erfolgen. Hierzu ist die Arduino Entwicklungsumgebung auf dem Raspberry Pi zu installieren. Ebenso kann die Programmentwicklung aber auch autonom auf einem Windows-PC erfolgen.

10.13 [Shell] - USB

Unser Raspberry Pi weist zwei USB-Schnittstellen auf, die man in der Regel durch einen USB-Hub erweitern wird. Abbildung 36 hatte eine entsprechende Hardwarekonfiguration gezeigt. Hier wollen wir mit Hilfe eines USB-Sticks den zur Verfügung stehenden Speicher erweitern.

Um einen USB-Stick (oder ein anderes über USB angeschlossenes Speichermedium) über das Betriebssystem ansprechen zu können, muss der USB-Stick ins Dateisystem „eingehängt" oder besser gemounted werden.

Am Einfachsten geht das mit der zusätzlichen Installation des Pakets *autofs*, welches folgendermaßen zu installieren ist:

```
$ sudo apt-get install autofs
```

Nach der Installation von *autofs* wird beim Einstecken eines USB-Sticks dieser automatisch gemounted.

Die Reaktionen des Systems auf das Einstecken oder Entfernen eines USB Devices können an Hand der Kernel Messages verfolgt werden. Abbildung 133 zeigt die Kernel Messages nach dem Einstecken von zwei USB-Sticks.

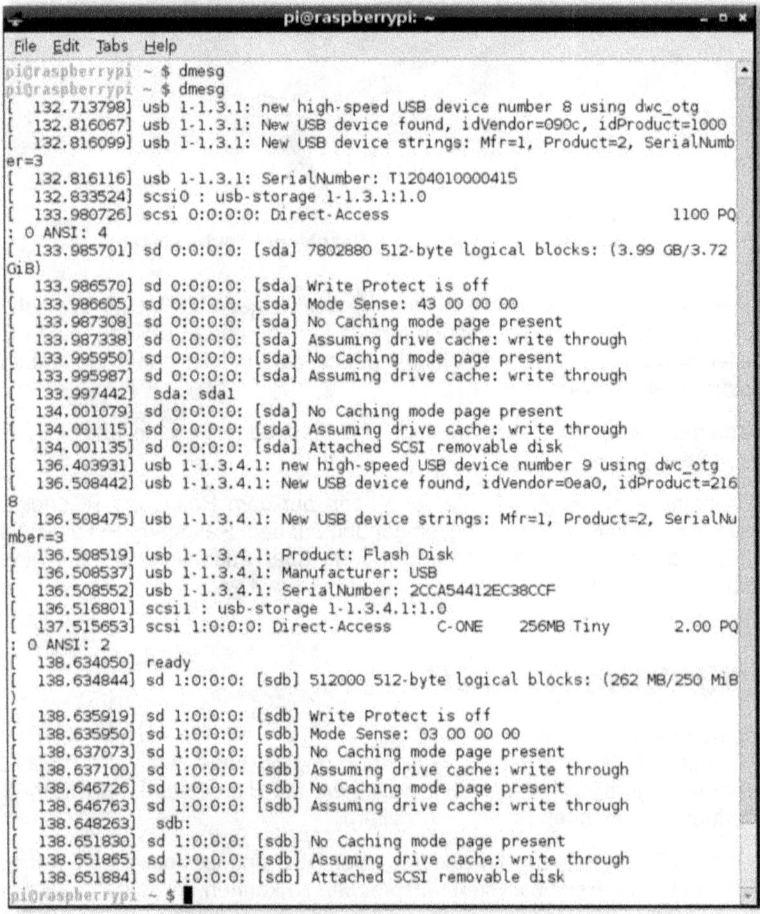

```
                         pi@raspberrypi: ~                         _ □ x
 File  Edit  Tabs  Help
pi@raspberrypi ~ $ dmesg
pi@raspberrypi ~ $ dmesg
[  132.713798] usb 1-1.3.1: new high-speed USB device number 8 using dwc_otg
[  132.816067] usb 1-1.3.1: New USB device found, idVendor=090c, idProduct=1000
[  132.816099] usb 1-1.3.1: New USB device strings: Mfr=1, Product=2, SerialNumb
er=3
[  132.816116] usb 1-1.3.1: SerialNumber: T1204010000415
[  132.833524] scsi0 : usb-storage 1-1.3.1:1.0
[  133.980726] scsi 0:0:0:0: Direct-Access                          1100 PQ
: 0 ANSI: 4
[  133.985701] sd 0:0:0:0: [sda] 7802880 512-byte logical blocks: (3.99 GB/3.72
GiB)
[  133.986570] sd 0:0:0:0: [sda] Write Protect is off
[  133.986605] sd 0:0:0:0: [sda] Mode Sense: 43 00 00 00
[  133.987308] sd 0:0:0:0: [sda] No Caching mode page present
[  133.987338] sd 0:0:0:0: [sda] Assuming drive cache: write through
[  133.995950] sd 0:0:0:0: [sda] No Caching mode page present
[  133.995987] sd 0:0:0:0: [sda] Assuming drive cache: write through
[  133.997442]  sda: sda1
[  134.001079] sd 0:0:0:0: [sda] No Caching mode page present
[  134.001115] sd 0:0:0:0: [sda] Assuming drive cache: write through
[  134.001135] sd 0:0:0:0: [sda] Attached SCSI removable disk
[  136.403931] usb 1-1.3.4.1: new high-speed USB device number 9 using dwc_otg
[  136.508442] usb 1-1.3.4.1: New USB device found, idVendor=0ea0, idProduct=216
8
[  136.508475] usb 1-1.3.4.1: New USB device strings: Mfr=1, Product=2, SerialNu
mber=3
[  136.508519] usb 1-1.3.4.1: Product: Flash Disk
[  136.508537] usb 1-1.3.4.1: Manufacturer: USB
[  136.508552] usb 1-1.3.4.1: SerialNumber: 2CCA54412EC38CCF
[  136.516801] scsi1 : usb-storage 1-1.3.4.1:1.0
[  137.515653] scsi 1:0:0:0: Direct-Access     C-ONE    256MB Tiny    2.00 PQ
: 0 ANSI: 2
[  138.634050] ready
[  138.634844] sd 1:0:0:0: [sdb] 512000 512-byte logical blocks: (262 MB/250 MiB
)
[  138.635919] sd 1:0:0:0: [sdb] Write Protect is off
[  138.635950] sd 1:0:0:0: [sdb] Mode Sense: 03 00 00 00
[  138.637073] sd 1:0:0:0: [sdb] No Caching mode page present
[  138.637100] sd 1:0:0:0: [sdb] Assuming drive cache: write through
[  138.646726] sd 1:0:0:0: [sdb] No Caching mode page present
[  138.646763] sd 1:0:0:0: [sdb] Assuming drive cache: write through
[  138.648263]  sdb:
[  138.651830] sd 1:0:0:0: [sdb] No Caching mode page present
[  138.651865] sd 1:0:0:0: [sdb] Assuming drive cache: write through
[  138.651884] sd 1:0:0:0: [sdb] Attached SCSI removable disk
pi@raspberrypi ~ $ ▮
```

Abbildung 133   Zugriff auf einen USB-Stick

Zuerst wurde durch `sudo dmesg -c` der Message Buffer geleert, was mit dem ersten Aufruf von `dmesg` verifiziert wurde. Es erfolgt keine Ausgabe, also ist der Message Buffer geleert worden.

Nun können ein oder auch mehrere USB-Sticks eingesteckt und anschließend erneut das Kommando dmesg eingegeben werden.

Ich habe hier zwei USB-Sticks in den USB-Hub gesteckt und wir können an Hand von Abbildung 133 erkennen, dass es sich beim zuerst eingesteckten USB-Stick um ein Speichermedium (usb-storage) handelt, welches weder einen Produktnamen noch einen Hersteller ausweist (no name). Die Speicherkapazität beträgt 4 GB. Dem USB-Stick wurde der Device File Name sda1 zugeordnet.

Der zweite USB-Stick ist ebenfalls ein Speichermedium (usb-storage) mit dem Namen C-ONE mit 256 MB Speicherkapazität, dem der Device File Name sdb zugeordnet wurde.

Beide USB-Stick sind als separates Verzeichnis unter /media angeordnet. Abbildung 134 zeigt die beiden Unterverzeichnissse /C-ONE und /STICK und deren Inhalte. Auf beide USB-Sticks wurde ein beschreibendes File *properties.txt* und ein allgemeines Textfile *log.txt* zum Experimentieren aufgespielt.

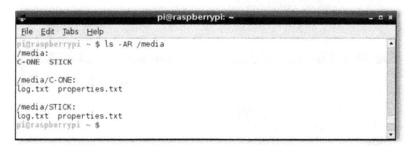

Abbildung 134   Eingehängte USB-Sticks

Mit dem Kommando df können wir uns die Mountpoints ansehen. Abbildung 135 zeigt uns, dass der USB-Stick mit 4 GB Speicherkapazität als /media/STICK und der USB-Stick mit 256 MB als /media/C-ONE ansprechbar ist.

Schauen wir uns mit ls -l /media/STICK die abgespeicherten Files an, dann können wir erkennen, dass beide Files vom User pi gelesen und geschrieben werden können. Alle anderen können die Files nur lesen.

Durch die beiden nächsten Kommandos wird das File */media/STICK/log.txt* gelesen und anschließend durch weiteren Text ergänzt. Das wiederholte Lesen zeigt dann auch die erfolgreiche Erweiterung des Textinhalts.

Abbildung 136 zeigt die gleichen Aktionen für den USB-Stick C-ONE.

```
                        pi@raspberrypi: ~                    _ □ ×
File  Edit  Tabs  Help
pi@raspberrypi ~ $ df
Filesystem     1K-blocks    Used  Available Use% Mounted on
rootfs         3807952  3207236    407360  89% /
/dev/root      3807952  3207236    407360  89% /
devtmpfs         86184        0     86184   0% /dev
tmpfs            18888      304     18584   2% /run
tmpfs             5120        0      5120   0% /run/lock
tmpfs            37760       68     37692   1% /run/shm
/dev/mmcblk0p1   57288    18960     38328  34% /boot
/dev/sda1      3891184       12   3891172   1% /media/STICK
/dev/sdb        255472        8    255464   1% /media/C-ONE
pi@raspberrypi ~ $ ls -l /media/STICK
total 8
-rw-r--r-- 1 pi pi 25 May 11 13:07 log.txt
-rw-r--r-- 1 pi pi 23 May 11 12:48 properties.txt
pi@raspberrypi ~ $ cat /media/STICK/log.txt
Das ist beliebiger Text.
pi@raspberrypi ~ $ echo "Das ist zusätzlicher Text." >> /media/STICK/log.txt
pi@raspberrypi ~ $ cat /media/STICK/log.txt
Das ist beliebiger Text.
Das ist zusätzlicher Text.
pi@raspberrypi ~ $
```

Abbildung 135   Mountpoints der beiden USB-Sticks

```
                        pi@raspberrypi: ~                    _ □ ×
File  Edit  Tabs  Help
pi@raspberrypi ~ $ ls -l /media/C-ONE
total 8
-rw-r--r-- 1 pi pi 52 May 11 12:35 log.txt
-rw-r--r-- 1 pi pi 33 May 11 12:46 properties.txt
pi@raspberrypi ~ $ cat /media/C-ONE/log.txt
Das ist Text im File log.txt
Das ist noch mehr Text
pi@raspberrypi ~ $ echo "Das ist zusätzlicher Text." >> /media/C-ONE/log.txt
pi@raspberrypi ~ $ cat /media/C-ONE/log.txt
Das ist Text im File log.txt
Das ist noch mehr Text
Das ist zusätzlicher Text.
pi@raspberrypi ~ $ ▮
```

Abbildung 136   Lesen und Schreiben des zweiten USB-Sticks

10.14 [Shell] - GNU Plot

Gnuplot ist ein skript- bzw. kommandozeilengesteuertes Programm zur grafischen Darstellung von Daten und mathematischen Funktionen (http://www.gnuplot.info/).

Gnuplot erzeugt zwei- und dreidimensionale Plots, die auf dem Bildschirm dargestellt und in verschiedenen Grafikformaten abgespeichert werden können.

Gnuplot ist keine Grafikbibliothek sondern ein eigenständiges Anwendungsprogramm. Kommandos und Daten können über eine Pipe an *gnuplot* übermittelt werden. Die Originaldaten bleiben unangetastet und müssen nicht extra gesichert werden.

Weiterführende Informationen und Beispielgrafiken sowie Links zu Tutorials sind unter http://de.wikipedia.org/wiki/Gnuplot zu finden. Hier wollen wir uns auf die Darstellung von aufgezeichneten (Mess-) Daten mit *gnuplot* beschränken.

Die Installation von *gnuplot* auf dem Raspberry Pi erfolgt durch Aufruf von

```
$ sudo apt-get install gnuplot-x11
```

Nach Abschluss der Installation kann *gnuplot* über die Kommandozeile gemäss Abbildung 137 gestartet werden. Das interaktive Programm meldet sich mit seinem Prompt `gnuplot>` und wartet auf die Eingabe von Kommandos.

Als Anwendungsbeispiel habe ich hier einen Datensatz der Wetterstation Mythenquai in Zürich gewählt, der Temperatur und relative Luftfeuchtigkeit vom 17.02.2013 umfasst.

Listing 28 zeigt einen Ausschnitt der Daten, die von der Seite der Stadtpolizei Zürich http://www.tecson-data.ch/zurich/mythenquai/index.php heruntergeladen werden können.

```
#Uhrzeit       Lufttemperatur (°C)  Luftfeuchte (%)

0.0            0.5        94
0.5            0.3        94
1              0.2        95
1.5           -0.1        96
2             -0.4        97
2.5           -0.1        97       #Wetterstation Mythenquai
3              0.4        95       #http://www.tecson-
data.ch/zurich/mythenquai/uebersicht/messwerte.php
3.5            0.7        93       #Messwerte vom 17.02.2013
4              0.7        93
...
23             2.3        78
23.5           2.2        79
24             2.2        79
```

Listing 28 *Temperaturverlauf.dat* (gekürzt)

```
                          pi@raspberrypi: ~                        _ ᴏ x
pi@raspberrypi ~ $ gnuplot

    G N U P L O T
    Version 4.6 patchlevel 0     last modified 2012-03-04
    Build System: Linux armv6l

    Copyright (C) 1986-1993, 1998, 2004, 2007-2012
    Thomas Williams, Colin Kelley and many others

    gnuplot home:     http://www.gnuplot.info
    faq, bugs, etc:   type "help FAQ"
    immediate help:   type "help"  (plot window: hit 'h')

Terminal type set to 'wxt'
gnuplot> plot "Temperaturverlauf.dat"
gnuplot> quit
pi@raspberrypi ~ $ █
```

Abbildung 137   Start von *gnuplot*

Durch Aufruf des Kommandos `plot` „`Temperaturverlauf.dat`" erzeugt
gnuplot eine grafische Darstellung gemäss Abbildung 138 auf dem Bildschirm
(allerdings noch ohne den Beschriftungen).

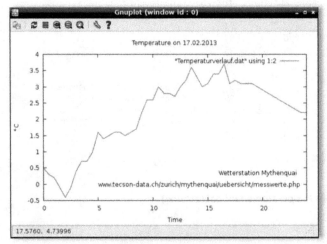

Abbildung 138   Bildschirmausgabe Temperaturverlauf

Die Leistungsfähigkeit von *gnuplot* besteht nun darin, dass das Verhalten des
Programms durch entsprechende Kommandos absolut beeinflusst werden kann.

In Listing 29 ist das Shell Script *plot.sh* gezeigt, welches *gnuplot* aufruft, mehrere, die Darstellung beeinflussende Parameter setzt und die Ausgabe steuert.

Interessant ist hier vor allem der Bereich zwischen `gnuplot -persist`
`<<PLOT` und `PLOT`. Hier werden die Parameter an *gnuplot* übergeben, bis dass

die Ausgabe selbst erfolgt. Der in Abbildung 138 dargestellte Temperaturverlauf wird durch eine zweite Ausgabe des Verlaufs der relativen Luftfeuchte ergänzt (hier aber nicht gezeigt).

```
#!/bin/sh
#Plotting data file from Shell
# File name: plot.sh
FILE=Temperaturverlauf.dat
URL="www.tecson-data.ch/zurich/mythenquai/uebersicht/messwerte.php"
echo "Plotting Temperature over 24 h"
gnuplot -persist <<PLOT
set xrange [0:24]
set xlabel "Time"
set ylabel "°C"
set title "Temperature on 17.02.2013"
set label "Wetterstation Mythenquai" at 16,0.35
set label "$URL" at 5,0
plot "$FILE" using 1:2 with lines
quit
PLOT
echo "Plotting Humidity over 24 h"
gnuplot -persist <<PLOT
set xrange [0:24]
set xlabel "Time"
set ylabel "%RH"
set title "Humidity on 17.02.2013"
set label "Wetterstation Mythenquai" at 16,96
set label "$URL" at 5,94
plot "$FILE" using 1:3 with lines
quit
PLOT
echo "Done..."
```
Listing 29   Shell Script *plot.sh*

Aufruf und Ausgaben des Shell Scripts *plot.sh* zeigt Abbildung 139. Zusätzlich erscheinen die Plots für den jeweiligen Verlauf von Temperatur (Abbildung 138) und relativer Luftfeuchte auf dem Bildschirm.

Abbildung 139   Aufruf und Ausgaben des Shell Scripts *plot.sh*

Will man die Grafiken als File zur Verfügung haben, dann kann die grafische Ausgabe auch umgeleitet werden (Listing 30).

```
#!/bin/sh
#Plotting data file from Shell
# File name: plot.sh
FILE=Temperaturverlauf.dat
URL="www.tecson-data.ch/zurich/mythenquai/uebersicht/messwerte.php"
echo "Plotting Temperature over 24 h"
gnuplot -persist <<PLOT
set xrange [0:24]
set xlabel "Time"
set ylabel "°C"
set title "Temperature on 17.02.2013"
set label "Wetterstation Mythenquai" at 16,0.35
set label "$URL" at 5,0
set terminal png medium
set output "temperature.png"
plot "$FILE" using 1:2 with lines
quit
PLOT
echo "Plotting Humidity over 24 h"
gnuplot -persist <<PLOT
set xrange [0:24]
set xlabel "Time"
set ylabel "%RH"
set title "Humidity on 17.02.2013"
set label "Wetterstation Mythenquai" at 16,96
set label "$URL" at 5,94
set terminal png medium
set output "humidity.png"
plot "$FILE" using 1:3 with lines
quit
PLOT
echo "Done..."
```
Listing 30   Shell Script *plotpng.sh*

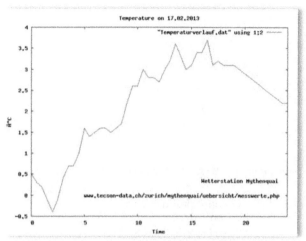

Abbildung 140   Darstellung Ergebnisfile *temperature.png*

Abbildung 141   Aufruf und Ausgaben des Shell Scripts *plotpng.sh*

10.15 [Shell] - Integritätstest von Dateien

Für den Test der Unversehrtheit (Integrität) von Dateien werden gern kryptographische Hash-Algorithmen eingesetzt. Linux bietet hier in den meisten Distributionen den MD5 (Message-Digest Algorithm 5) bzw. SHA1 (Secure Hash Algorithm 1) an. Beide Algorithmen berechnen aus beliebigen Dateien einen 128-bit-bzw. 160-bit-Hashwert (Prüfsumme).

Ein verbreiteter Einsatz dieser Algorithmen findet sich beim Dateidownload von einem Fileserver über das Internet. Die Prüfsumme der originalen Datei wird auf dem Server zur Verfügung gestellt und nach dem Download kann die betreffende Prüfsumme erneut berechnet und verglichen werden. Sind die Prüfsummen identisch, dann ist die heruntergeladene Datei unversehrt und der Download war erfolgreich.

Abbildung 142 zeigt einen Ausschnitt der Raspberry Pi Downloadseite (http://www.raspberrypi.org/downloads) mit der Angabe der SHA-1 Prüfsumme des Raspbian Images vom 9.02.2013 als Beispiel.

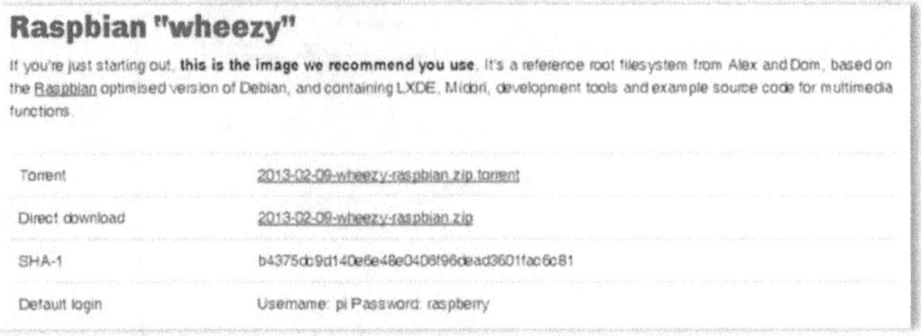
Raspbian "wheezy"
If you're just starting out, this is the image we recommend you use. It's a reference root filesystem from Alex and Dom, based on the Raspbian optimised version of Debian, and containing LXDE, Midori, development tools and example source code for multimedia functions.
Torrent
2013-02-09-wheezy-raspbian.zip.torrent
Direct download
2013-02-09-wheezy-raspbian.zip
SHA-1
b4375dc9d140e6e48e0406f96dead3601fac6c81
Default login
Username: pi Password: raspberry

Abbildung 142 SHA-1 Prüfsumme für das Raspbian Image

Abbildung 143 zeigt nun den Aufruf der beiden Algorithmen (SHA-1, MD5) zur Erzeugung der betreffenden Prüfsummen des Scripts *tempf.sh* (als Beispiel) und Speicherung in den Dateien *hash.sha1* bzw. *hash.md5*, die Ausgabe der ermittelten Prüfsummen mit **`cat hash.*`** sowie den Check der ermittelten Prüfsumme mit **`sha1sum -c hash.sha1`** bzw. **`md5sum -c hash.md5`**.

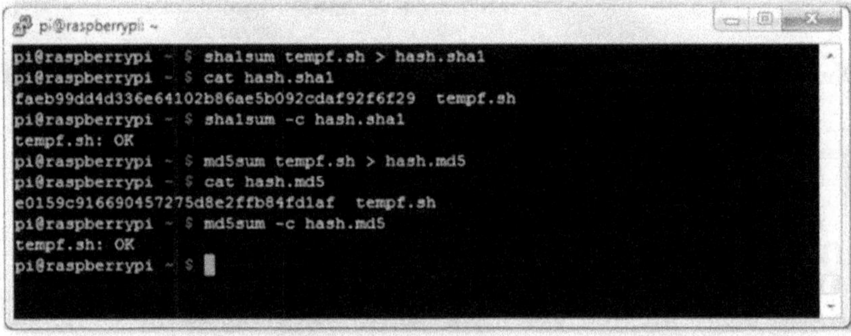
pi@raspberrypi: ~
pi@raspberrypi ~ $ sha1sum tempf.sh > hash.sha1
pi@raspberrypi ~ $ cat hash.sha1
faeb99dd4d336e64102b86ae5b092cdaf92f6f29 tempf.sh
pi@raspberrypi ~ $ sha1sum -c hash.sha1
tempf.sh: OK
pi@raspberrypi ~ $ md5sum tempf.sh > hash.md5
pi@raspberrypi ~ $ cat hash.md5
e0159c91669045727 5d8e2ffb84fd1af tempf.sh
pi@raspberrypi ~ $ md5sum -c hash.md5
tempf.sh: OK
pi@raspberrypi ~ $

Abbildung 143 *sha1sum* und *md5sum* im Einsatz

Abbildung 144 zeigt nun, wie eine korrupte Datei erkannt werden kann. Um eine Verletzung der Integrität zu demonstrieren, wird der Datei *tempf.sh* (Listing 4) ein Leerzeichen hinzugefügt. Der Test der Prüfsumme weist nun auf einen Fehler hin, da die beim Test berechnete Prüfsumme nicht mit der in der Datei *hash.sha1* abgespeicherten Prüfsumme der unversehrten Datei *tempf.sh* übereinstimmt. An der Funktionsweise des Shell Scripts *tempf.sh* ändert das hinzugefügte Leerzeichen nichts.

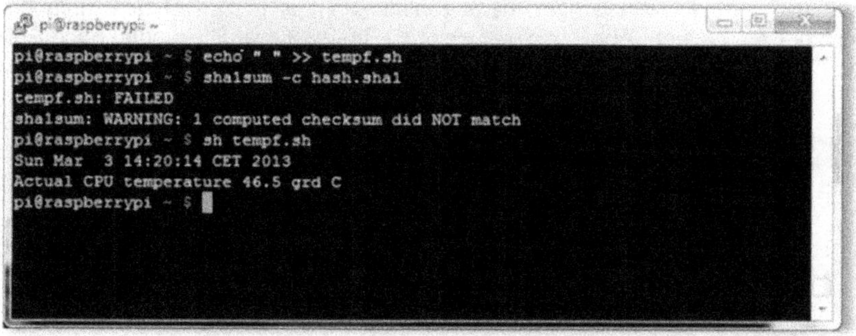

Abbildung 144   Integritätsverletzung erkennen

10.16 Webcam

Als Webcam wird in der Regel eine einfache Kamera bezeichnet, die über USB mit einem Rechner verbunden wird. In Notebooks sind diese meist oberhalb des Bildschirms integriert, um so Videochats bzw. Videokonferenzen in einfacher Weise zu unterstützen.

Neben der videounterstützten Kommunikation gibt es aber viele weitere Einsatzfälle, wie die bekannten Webcams in touristisch interessanten Gebieten, Überwachungskameras u.a.m.

An vielen Stellen werden diese Webcams durch definierte Ereignisse getriggert (ausgelöst) oder senden einen Videostream. In die Bilder können ausserdem zusätzliche Textinformationen eingeblendet werden.

10.16.1   USB-Webcam

USB-Webcams sind heute in einer grossen Typenvielfalt zu haben. Um nicht unnötige Schwierigkeiten bei der Inbetriebnahme zu haben, sollte wieder die Kompatibilitätsliste   (http://elinux.org/RPi_VerifiedPeripherals#USB_Webcams) konsultiert und nach Möglichkeit eine dort empfohlene USB Webcam ausgesucht werden.

Ich habe hier mit einer vorhandenen und schon etwas älteren USB-Webcam experimentiert. Zum Einsatz kam eine Logitech Quickcam Chat, die an einen der freien USB Port angeschlossen wurde.

Zuvor wurde der Messagebuffer mit

```
$ sudo dmesg -c
```

gelöscht, um die Mitteilungen beim Einstecken der USB Webcam einfacher sichtbar zu machen. Abbildung 145 zeigt die Installationsmitteilungen nach Aufruf der Kommandos dmesg und lsusb.

Abbildung 145   Installation einer USB Webcam

Das erste Kommando zeigt an, dass eine Kamera gefunden wurde und der Treiber *spca561* zugeordnet wurde. In der Ausgabe des zweiten Kommandos kann man sehen, dass es sich beim gefunden USB Device (mit der Device No. 55) um eine Logitech QuickCam Chat handelt.

Zum Test der installierten USB Webcam installieren wir das Paket *fswebcam*. Mit dem Aufruf fswebcam wird ein Bild ausgelöst und in der Datei *webcamtest.jpg* abgespeichert. Mit dem Bildbetrachter *gpicview* kann dann das Bild zur Anzeige gebracht werden.

```
$ sudo apt-get install fswebcam
$ fswebcam -v -S 1 -r 640x480 -d /dev/video0 -v /webcamtest.jpg
$ gpicview webcamtest.jpg
```

Abbildung 146 zeigt den Aufruf des Programms *fswebcam* zur Auslösung der Webcam und die Anzeige des aufgenommenen Bildes durch den Bildbetrachter *gpicview* (Abbildung 147).

```
                            pi@raspberrypi: ~                        _ □ x
File  Edit  Tabs  Help
pi@raspberrypi ~ $ fswebcam -v -S 1 -r 640x480 -d /dev/video0 -v webcamtest.jpg
--- Opening /dev/video0...
Trying source module v4l2...
/dev/video0 opened.
src_v4l2_get_capability,87: /dev/video0 information:
src_v4l2_get_capability,88: cap.driver: "spca561"
src_v4l2_get_capability,89: cap.card: "Camera"
src_v4l2_get_capability,90: cap.bus_info: "usb-bcm2708_usb-1.3.4.1"
src_v4l2_get_capability,91: cap.capabilities=0x85000001
src_v4l2_get_capability,92: · VIDEO_CAPTURE
src_v4l2_get_capability,101: · READWRITE
src_v4l2_get_capability,103: · STREAMING
No input was specified, using the first.
src_v4l2_set_input,181: /dev/video0: Input 0 information:
src_v4l2_set_input,182: name = "spca561"
src_v4l2_set_input,183: type = 00000002
src_v4l2_set_input,185: · CAMERA
src_v4l2_set_input,186: audioset = 00000000
src_v4l2_set_input,187: tuner = 00000000
src_v4l2_set_input,188: status = 00000000
src_v4l2_set_pix_format,541: Device offers the following V4L2 pixel formats:
src_v4l2_set_pix_format,554: 0: [0x31363553] 'S561' (S561)
src_v4l2_set_pix_format,554: 1: [0x47524247] 'GBRG' (GBRG)
Using palette S561
Adjusting resolution from 640x480 to 352x288.
src_v4l2_set_mmap,693: mmap information:
src_v4l2_set_mmap,694: frames=4
src_v4l2_set_mmap,741: 0 length=53248
src_v4l2_set_mmap,741: 1 length=53248
src_v4l2_set_mmap,741: 2 length=53248
src_v4l2_set_mmap,741: 3 length=53248
--- Capturing frame...
Skipping frame...
Capturing 1 frames...
Captured 2 frames in 0.10 seconds.
--- Processing captured image...
Writing JPEG image to 'webcamtest.jpg'.
pi@raspberrypi ~ $ gpicview webcamtest.jpg
█
```

Abbildung 146   Auslösen der Webcam und Anzeige des aufgenommenen Bildes

Abbildung 147   Anzeige des aufgenommenen Bildes

Die Konfigurationsdaten der Kamera lassen sich in einem separaten Konfigurationsfile abgelegen, so dass sich der Aufruf des Programms *fswebcam* weniger komplex gestaltet. Mit einem Editor wird die Datei *webcam.cfg* gemäss Abbildung 148 erstellt.

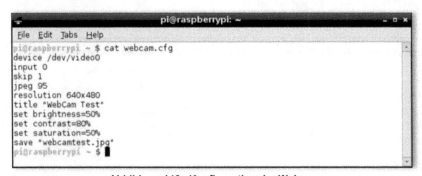

Abbildung 148   Konfiguration der Webcam

Die Einträge in der Datei *webcam.cfg* bedeuten dabei folgendes. Die ersten beiden Einträge adressieren die angeschlossene Webcam und werden auch als Default-Einstellungen verwendet.

Der Parameter `skip` 1 bewirkt, dass der erste Frame übersprungen und erst der zweite abgespeichert wird. Diese Option ist immer dann hilfreich, wenn der erste Frame noch Störungen o.ä. aufweist.

Der Parameter `jpeg` beeinflusst die Kompressionsrate des JPG-Bildes und damit auch die Qualität des Bildes. Mit 95 wird das Bild nahezu verlustfrei komprimiert.

Mit dem Parameter `resolution` kann die Auflösung der Webcam vorgegeben werden.

Mit Hilfe des Parameters `title` kann eine Texteinblendung vorgenommen werden.

Die Parameter `brightness`, `contrast` und `saturation` beeinflussen Helligkeit, Kontrast und Sättigung des Bildes und müssen individuell an die Aufnahmesituation angepasst werden.

Der Parameter `save` gibt schlussendlich noch den Dateinamen und ggf. auch den Pfad an, wo das Bild abgelegt wird.

Es gibt zahlreiche weitere Konfigurationsparameter, die aber unter `man fswebcam` abgefragt werden müssen.

Abbildung 149 zeigt den Aufruf des Programms **fswebcam -c webcam.cfg** zur Auslösung der Webcam und die Anzeige des aufgenommenen Bildes durch den Bildbetrachter *gpicview* (Abbildung 150).

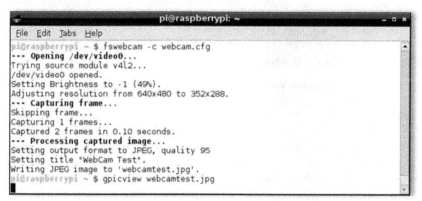

Abbildung 149 Auslösen der Webcam und Anzeige des Bildes

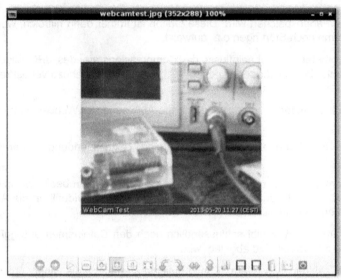

Abbildung 150   Anzeige des Webcam Bildes

Wie auf der Basis des Programms *fswebcam* mit dem Raspberry Pi ein Webcam Server aufgebaut werden kann, um eine eigene Webcam ins Netz zu stellen, kann auf der von Andreas Laub sehr ausführlich gestalteten Website http://wiki.laub-home.de/wiki/Raspberry_Pi_als_Webcam_Server nachvollzogen werden. Dort wird auch gezeigt, wie in das Webcam Bild zusätzlich Daten (hier die Temperatur) eingeblendet werden können.

10.16.2   PiEye – Webcam Streaming

Eine andere interessante Webcam Anwendung wird mit PiEye von Martin Macht auf seiner Website http://my-raspberrypi.de/pieye-webcam-streaming-mit-dem-raspberry-pi/ beschrieben. PiEye ermöglicht den Zugriff auf einen Livestream (JPG-Format) via http-Protokoll.

Für die Auswahl der Webcam sollte wieder die Kompatibilitätsliste herangezogen werden, um nicht unerfreulichen Inkompatibilitäten aufzusitzen. Mit einer Logitech QuickCam Communicate STX hatte Martin Macht Erfolg.

Die Installation der erforderlichen Komponenten ist unter Raspbian gemäss den folgenden Schritten vorzunehmen:

```
$ sudo aptitude install libv4l-0
$ sudo wget http://my-raspberrypi.de/downloads/mjpg-
streamer-rpi.tar.gz
$ sudo tar -zxvf mjpg-streamer-rpi.tar.gz
```

```
$ cd mjpg-streamer
```

Der Skript *mjpg-streamer.sh* wird mit den folgenden Argumenten gestartet und gestoppt bzw. einer Statusabfrage unterzogen:

```
$ sudo ./mjpg-streamer.sh start
$ sudo ./mjpg-streamer.sh stop
$ sudo ./mjpg-streamer.sh status
```

Ist der *mjpg-streamer* gestartet, so kann man den Livestream beispielsweise unter der URL http://192.168.1.12:8080/?action=stream von einem Webbrowser aus erreichen oder man kann diesen durch einen Image-Tag

```
<img src="http://192.168.1.12:8080/?action=stream">
```

in eine Webseite einbauen. Die angegebene Adresse ist installationsabhängig.

Parameter wie Device, Frame-Rate, Auflösung, Port u.a. können direkt in der Datei *mjpg-streamer.sh* geändert werden.

```
VIDEO_DEV="/dev/video0"
FRAME_RATE="5"
RESOLUTION="640×480"
PORT="8080"
YUV="false"
```

10.16.3   Raspberry Pi Camera

Rechtzeitig vor Fertigstellung dieses Manuskriptes konnte ich die Raspberry Pi Camera in Empfang nehmen.

Unter http://www.raspberrypi.org/archives/3890 gibt es eine sehr gut gemachte Installationsanleitung, die vor allem beim ersten Verbinden des Flachbandkabels der Kamera mit dem doch etwas diffizilen Steckverbinder auf dem Raspberry Pi unterstützt. Das Verbinden der Raspberry Pi Camera mit dem Raspberry Pi Board muss im stromlosen Zustand erfolgen.

Ausserdem muss beachtet werden, dass die Raspberry Pi Camera empfindlich gegen statische Spannungen ist, weshalb man gut beraten ist, sich vor den notwendigen Manipulationen zu erden. Das kann durch Berühren der Wasserleitung, eines Heizkörpers oder eines Erdkontakts erfolgen.

Abbildung 151 zeigt die am Raspberry Pi angeschlossene Raspberry Pi Camera. Beim Flachbandkabel sollte man solche Knickstellen, wie im Bild gezeigt, vermeiden. Hier hatte leider der Postversand für das scharfe Abknicken des Flachbandkabels gesorgt.

Abbildung 151 Raspberry Pi Camera

Nach der vorgenommenen Installation kann der Raspberry Pi neu gebootet und das System durch die nachfolgenden Kommandos einem Update unterzogen werden:

```
$ sudo apt-get update
$ sudo apt-get upgrade
$ sudo raspi-config
```

Im Konfigurationsprogramm *raspi-config* ist die Kamera frei zu schalten (Enable) und anschliessend das System neu zu booten.

Abbildung 152 zeigt die Auswahl der Kameraoption im (veränderten) Konfigurationsprogramm, während Abbildung 153 die Freigabe definitiv beschliesst.

Abbildung 152   Auswahl Raspberry Pi Camera Enable

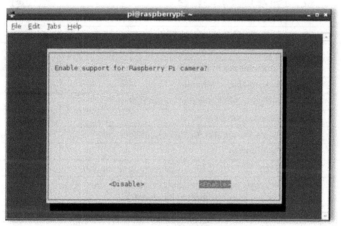

Abbildung 153   Raspberry Pi Camera Enable

Nach einem Reboot steht nun die Raspberry Pi Camera zur Anwendung bereit. Die Kamera kann über die Kommandozeile mit Hilfe der beiden Programme *raspistill* und *raspivid* gesteuert werden.

Neben *raspistill* und *raspivid* gehört noch eine dritte Komponente *raspistillyuv* in das zur Verfügung gestellte Paket. Die Programme *raspistill* und *raspistillyuv* sind sehr ähnlich und dienen der Aufnahme von Bildern (capturing images), während *raspivid* der Aufnahme von Videos dient (capturing videos).

Alle drei Programme werden über die Kommandozeile gesteuert und bedienen sich der mmal API von Broadcom, die auf OpenMAX aufsetzt und das im Raspberry Pi vorhandene Videocore 4 System voraussetzt.

Von mmal/OpenMAX werden bis zu drei Komponenten verwendet – Camera, Preview und Encoder. Von *raspistill* wird der Image Encoder verwendet - *raspivid* nutzt den Video Encoder. *raspistillyuv* nutzt keinen Encoder sondern sendet seinen YUV-Output direkt von der Kamerakomponente in eine Datei.

Die komplette Dokumentation zu beiden Programmen kann vom Repository https://github.com/raspberrypi/userland/blob/master/host_applications/linux/apps /raspicam/RaspiCamDocs.odt heruntergeladen werden. Hier folgt nur eine Übersicht, die den Einsatz der Raspberry Pi Camera unterstützen soll (Tabelle 27, Tabelle 28).

Programm	Parameter	Funktion	Default
	-?	Hilfe zum Programm	
	-w	Setze Bildbreite <size>	1920 (raspivid)
	-h	Setze Bildhöhe <size>	1080 (raspivid)
raspistill	-q	Setze JPG-Qualität <0-100>	
raspistill	-r	Ergänze JPG-Metadaten mit Raw Bayer Daten	
raspivid	-b	Setze Bitrate in bits/sec	
	-o	Ausgabefile <filename>	
	-v	Ausgabe ausführlicher Informationen	
	-t	Timeout <millisec>	5000 ms
	-th	Setze Parameter für Vorschaubilder <w:h:qual>	64:48:35 (raspistill)
	-d	Demomode	
raspivid	-fps	Setze Bilder/sec für Aufzeichnung (2 bis 30)	
raspivid	-e	Anzeige eines Vorschaubildes nach dem Encoding (zeigt Kompressionsfehler)	
raspistill	-e	Auswahl des Encoders (jpg, bmp, gif, png)	
	-x	EXIF Tag (Format 'key=value')	
	-tl	Time Lapse Mode, Bildabstand in ms	

Tabelle 27 raspistill/raspivid Kommandozeilen Parameter

Parameter	Funktion	Default
-p	Setup Vorschaufenster <'x,y,w,h'>	
-f	Fullscreen Vorschaufenster	
-n	Kein Vorschaufenster	
-sh	Setze Bildschärfe (-100 bis 100)	0
-co	Setze Kontrast (-100 bis 100)	0
-br	Setze Helligkeit (0 bis 100)	50
-sa	Setze Sättigung (-100 bis 100)	0
-vs	Videostabilisierung einschalten	
-ev	Setze Belichtungskorrektur (-10 bis 10)	0
-ex	Setze Belichtungsmode (sh. Link)	
-awb	Setze Mode für automatischen Weissabgleich (AWB) (sh. Link)	
-ifx	Setze Bildeffekt (sh. Link)	
-cfx	Setze Farbeffekt (U:V)	
-mm	Setze Belichtungsmessmode (sh. Link)	
-rot	Setze Bildrotation (0-359)	
-hf	Setze horizonztale Spiegelung	
-vf	Setze vertikale Spiegelung	

Tabelle 28   Preview Parameter

Im einfachsten Fall können wir mit diesen Informationen nun bereits ein Bild auslösen:

```
$ raspistill -t 5000 -o raspistill.jpg
```

Durch den gezeigten Aufruf des Programms *raspistill* wird nach einem Timeout von 5 sec ein Bild ausgelöst und in der Datei *raspistill.jpg* abgespeichert. Während des Timeouts wird das Kamerabild in der Vorschau angezeigt und die Position der Kamera kann z.B. in dieser Zeit angepasst werden.

Abbildung 154 zeigt das Ergebnis, wie man es sich beispielsweise mit dem Programm *Image Viewer* der Raspbian Distribution ansehen kann.

Abbildung 154 Anzeige eines Bildes der Raspberry Pi Camera

Um ein Video aufzuzeichnen, kann man beispielsweise folgendermaßen vorgehen:

```
$ raspivid -t 20000 -o raspivid.h264
$ omxplayer raspivid.h264
$ ffmpeg -r 30 -i raspivid.h264 -vcodec copy raspivid.mp4
```

Das erste Kommando zeichnet ein 20 sec langes Video auf und speichert es in der Datei *raspivid.h264*. Diese Datei umfasst dann so etwa 40 MB. Mit dem Programm *omxplayer* kann diese Datei angezeigt werden. Mit dem letzten Kommando wird die Ausgangsdatei *raspivid.h264* in eine MP4-Datei konvertiert.

Sollten *omxplayer* und/oder *ffmpeg* nicht vorhanden sein, dann können diese Pakete nachinstalliert werden.

Weitere Details sind unter http://raspi.tv/tag/convert-raspberry-pi-camera-video bzw. http://www.linuxjournal.com/article/8517 zu finden.

Mit den zahlreichen Parametern beider Programme sollte man sich auseinandersetzen, bevor die Auslösung der Kamera beispielsweise in einen Cron-Job eingebunden wird.

10.17 Android Apps

Wenn sich unser Raspberry Pi schon in einem Netzwerk befindet, dann ist auch der Zugriff von einem Mobile Device hier von Interesse. In Abschnitt 7.3 hatten wir bereits SSH und SCP Zugriffe auf den Raspberry Pi von einem Android Device aus kennengelernt. Hier wollen wir noch einige erweiterte Apps ansehen.

10.17.1 RasPi Check

Den SSH Zugriff nutzt Michael Prankl in seiner App *RasPi Check*, um eine einfache Informationsabfrage von einem Raspberry Pi zu realisieren [37]. Die App kann von Google Play kostenlos heruntergeladen werden.

Die App zeigt aktuelle Informationen zum Overclocking (Temperatur, Frequenzen, Spannung) sowie zum sonstigen System (Laufzeit, Auslastung, RAM, Flash, Prozesse usw.) an. Abbildung 155 zeigt einen Screenshot von einem Samsung Galaxy S3 mit allen Informationen. Ein Test mit einem Samsung Galaxy Tab10.1 verlief identisch.

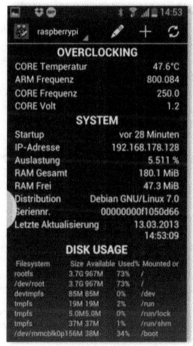

Abbildung 155   Screenshot RasPi Check

209

10.17.2 Raspberry Control

Raspberry Control ist eine von Łukasz Skalski (http://lukasz-skalski.com) geschriebene App, die verschiedene Funktionen des Raspberry Pi von einem Android Device aus zugänglich macht. *Raspberry Control* kann gratis von Google Play heruntergeladen werden.

Die Hauptmerkmale von *Raspberry Control* sind:

- Sichere SSH Verbindung

- Einfache GPIO Steuerung und Monitoring

- Temperaturmessung mit DS18B20

- Remote Terminalemulator

- Remote Prozessmanagement

- built-in MJPEG Stream Client

- einfaches 1-Wire und I^2C-Bus Management

- Infrarot-Fernsteuerung

Zur Installation der aktuellen Version 0.2 sind die folgenden Schritte erforderlich:

```
$ wget http://lukasz-skalski.com/index.php/projekty-
inne/raspberry-control-control-raspberry-pi-with-your-
android-device.html
$ tar xvzf rpc_installer-2013-03-10.tar.gz
$ cd rpc_installer
$ ./rpc_utils --install
```

Diese Installation erzeugt das Verzeichnis $HOME/Raspberry_Control, in welchem das *Raspberry Control* Anwendungsprogramm abgespeichert ist. Nach einem Reboot des Raspberry Pi ist die Installation abgeschlossen und der Zugriff von einem Android Device aus ist möglich.

Nach der Installation der App auf dem Mobile Device (hier Samsung Galaxy S3) kann die Anwendung gestartet werden. Die folgenden Screenshots vermitteln einen Eindruck, was die App alles steuern kann. Nicht alle Funktionen sind heute schon komplett implementiert. Mit der GPIO und dem Remote Zugriff kann aber mindestens schon experimentiert werden. 1-Wire und IR-Fernbedienung sollten ebenfalls funktionieren, wurden hier aber nicht getestet.

Zur Konfiguration der einzelnen Funktionen sei auf die Website zum Raspberry Control verwiesen. Dort sind die einzelnen Schritte und Abhängigkeiten sehr gut beschrieben.

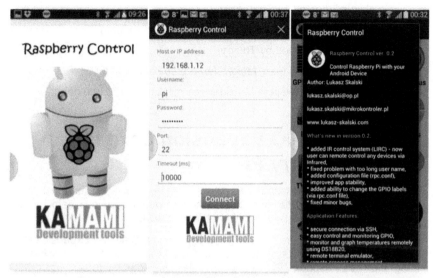

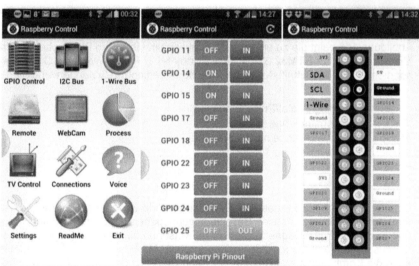

Abschliessend ist hier noch eine Kompatibilitätsliste von getesteten Android Devices:

- Samsung Galaxy S2/S3 (Android 4.1.2)
- ASUS Transformer Pad TF300T (tested by *joeman2116)*
- Nexus 4 (tested by *Shah Altaf)*

- Nexus 7 (tested by *Shah Altaf*)
- Samsung Galaxy Note II (GT-N7100) (tested by *Matt*)
- HTC One V (tested by *Thierry*)
- Sony LTi22 (info from: *http://ruten-proteus.blogspot.tw*)
- wahrscheinlich weitere Mobildevices mit Android 4.0 und höher

10.18 Smart IO Expansion Card for Raspberry PI

Den Abschnitt zu den Raspberry Pi Anwendungen möchte ich mit einem Ausblick beschliessen, der die hier vorgestellten Anwendungen aus dem Bereich Messen-Steuern-Automatisieren sicher abrunden wird.

Wie es die Überschrift bereits andeutet, wurde mit der Smart IO Expansion Card ein Projekt zur Hardwareerweiterung des Raspberry Pi gestartet, welches die Integration des Raspberry Pi in ein industrielles Umfeld unterstützen wird.

Die über Kickstarter lancierte Entwicklung wird im September in Produktion gehen (http://www.kickstarter.com/projects/95547492/smart-io-expansion-card-for-raspberry-pi).

Abbildung 156 zeigt die zu erwartende Funktionalität in einem Blockschema. Ein Mikrocontroller der STM32 32-bit ARM Cortex MCU Familie wird als IO Prozessor dienen und die Schnittstellen zur Peripherie bedienen. Zu nennen sind hier:

- 13 Analog/Digital/Pulse-Eingänge
- 2 Analogausgänge
- 8 Digitalausgänge mit 1A Belastbarkeit
- RS-232 mit bis zu 115200 Baud
- RS-485
- CAN-Bus

Eine Besonderheit bildet das AHRS-Modul (Attitude & Heading Reference System), welches einen 3-Achsen-Beschleunigungsgeber, ein 3-Achsen-Gyroscope und einen 3-Achsen-Magnetfeldsensor aufweist und über einen speziellen Algorithmus Lageinformationen zur Verfügung stellt. Mit Hilfe dieses AHRS-Moduls kann die Kombination aus Raspberry Pi und Smart IO Expansion Card in unbemannten mobilen Robotern eingesetzt werden.

Die Spannungsversorgung ist ebenfalls an den industriellen Einsatz angepasst worden. Die Versorgungsspannung kann zwischen 8 und 30 V DC betragen. Die Spannungsversorgung für den Raspberry Pi wird von der Smart IO Expansion Card bereitgestellt.

Abbildung 157 zeigt die Smart IO Expansion Card mit den Bohrungen zum Verschrauben mit einem Raspberry Pi Rev.2.

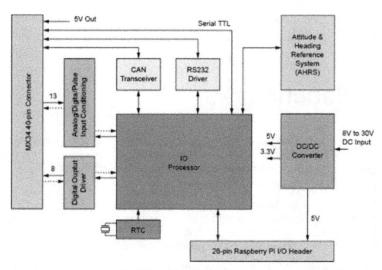

Abbildung 156   Blockschema Smart IO Expansion Card

Abbildung 157   Smart IO Expansion Card

Die Software besteht derzeit aus einem Daemon und einer IO Library. Der Daemon läuft im Hintergrund und spiegelt einen RAM-Bereich zwischen Raspberry Pi und Smart IO Expansion Card.

Um einen Ausgang zu setzen, verändert der Raspberry Pi eine betreffende Speicherzelle, worauf der IO Prozessor auf der Smart IO Expansion Card den betreffenden Ausgang setzt.

Eine Änderung an einem Ausgang wird wiederum vom IO Prozessor der Smart IO Expansion Card detektiert und im RAM abgebildet, wodurch auch der Raspberry Pi diese Änderung mitgeteilt bekommt.

11. Benchmarks

Benchmarks sind Analyse- und Bewertungsverfahren, mit deren Hilfe man die Leistung von IT-Systemen (Hardware, Betriebssysteme, Programmiersprachen, Compiler, Software im Einzelnen oder im Verbund) ermitteln und diese nach bestimmten Kriterien miteinander vergleichen kann.

Ein Benchmark ist im Allgemeinen ein Programm, das ein definiertes Problem löst, wobei die Laufzeit als Kriterium in die Bewertung eingeht. Um ein belastbares Ergebnis aus einem Benchmark ableiten zu können, sollte der Variabilität der Parameter besondere Beachtung geschenkt werden.

Um beispielsweise die Performance unterschiedlicher CPUs zu vergleichen, sollten alle anderen Einflussgrössen, wie Zugriffszeiten auf Speicher, der compilierte Code, die eingebundenen Libraries u.a.m. einen zu vernachlässigenden Einfluss auf des Ergebnis haben. Nur dann können die ermittelten Unterschiede auch komplett dem Leistungsvermögen der betreffenden CPU zugeordnet werden.

Da diese Bedingungen im realen Umfeld nicht immer mit Sicherheit vorausgesetzt werden können, müssen Ergebnisse aus Benchmarks stets kritisch betrachtet werden.

11.1 UNIX Bench

UnixBench ist die ursprüngliche BYTE UNIX Benchmark-Suite, aktualisiert und von vielen Menschen im Laufe der Jahre überarbeitet.

Es werden verschiedene Tests verwendet, um die unterschiedlichen Aspekte der Leistung eines Systems zu testen. Der gesamte Satz von Indexwerten wird dann zu einem Gesamtbild-Index für das System zusammengefasst.

Es wird unter anderem folgendes getestet:

- CPU-Geschwindigkeit beim Dhrystone-Test (Test der Integer-Leistung der CPU)

- CPU-Geschwindigkeit beim Whetstone-Benchmark in MWIPS (Millionen Whetstone Befehle pro Sekunde), wobei Floating-Point-Berechnungen durchgeführt werden

- Operationen pro Sekunde bei arithmetischen Berechnungen in den Bereichen Floating-Point und Integer bei variierender Grösse des Datentyps

- Datendurchsatz für das Kopieren von Dateien mit unterschiedlichen Puffergrössen

- Anzahl von Lese- und Schreibzugriffen auf eine Pipe (Inter-Prozess-Kommunikation) pro Sekunde

- Anzahl der Schleifendurchläufe für Context Switching mittels zweier Pipes

- Anzahl ausführbarer Shell-Skripte pro Minute, bei einem und acht Skripten, welche gleichzeitig als Hintergrundprozess gestartet werden

- Compilerdurchläufe pro Minute, wobei jeweils ein 153 Zeilen langer Quelltext zu übersetzen ist

- u.a.m.

UnixBench wird heute von Ian Smith betreut und kann von Google Code (https://code.google.com/p/byte-unixbench/) heruntergeladen werden.

Testresultate für unterschiedliche CPUs sind auf der Website des Autors (http://www.ckuehnel.ch/dokuwiki/doku.php?id=unix_bench) gelistet.

Im ersten Schritt müssen wir die Voraussetzungen für das Tool schaffen. Dazu installieren wir folgende Softwarepakete:

```
$ apt-get install libx11-dev libgl1-mesa-dev libxext-dev
perl perl-modules make
```

Bei manchen Systemen funktioniert das nicht in einem Schritt. Dann muss man die Pakete einzeln installieren.

Danach laden wir das Programm *Unixbench*, entpacken es und können es ausführen.

```
$ wget http://byte-
unixbench.googlecode.com/files/unixbench-5.1.3.tgz
$ tar xvfz unixbench-5.1.3.tgz
$ cd unixbench-5.1.3
$ ./Run
```

Beim ersten Starten von *Unixbench* werden die Sourcen compiliert, bevor der eigentliche Test ausgeführt werden kann. Die Ergebnisse stehen dann im Verzeichnis /unixbench-5.1.3/results/ unter dem Dateinamen *raspberrypi-2013-06-01-xx* als Text-, Log- und HTML-File zur Verfügung.

Das Ergebnis von Unixbench für einen mit 800 MHz getakteten Raspberry Pi Rev. 2 zeigt Abbildung 158.

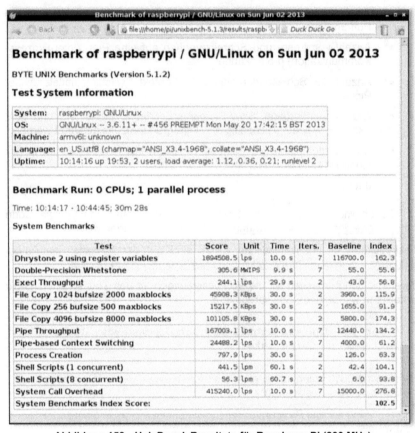

Abbildung 158 *UnixBench* **Resultate für Raspberry Pi (800 MHz)**

11.2 Cyclictest

Der Einsatz von Controllern im Bereich MSR impliziert geradezu ein deterministisches Zeitverhalten. Wichtig ist, dass z.B. eine vorgegebene maximale Interrupt-Latenzzeit in keinem Fall überschritten wird.

Linux bietet mit den RT-Tests für diese Fragestellung bereits eigene Tools an, die auch in einem Embedded System zum Einsatz kommen können [38][39][40].

Hier wird das Echtzeitverhalten des Raspberry Pi mit dem Programm *Cyclictest* untersucht. Thomas Gleixner stellte mit *Cyclictest* ein Tool zum Test des Echtzeitverhaltens durch Messung der Latenzzeiten von Linux-Systemen zur Verfügung. Details sind u.a. im OSADL Howto [41] zu finden

Die Installation auf dem Raspberry Pi kann durch die folgenden Schritte vorgenommen werden:

```
$ sudo apt-get install git
$ git clone
  git://git.kernel.org/pub/scm/linux/kernel/git/clrkwllms/rt-
  tests.git
$ cd rt-tests
$ make
```

Für unseren Test hier sind erst mal nur zwei Programme im neu erzeugten Verzeichnis *rt-tests* von Interesse. Es handelt sich hier um das Programm *Cyclictest* zur Ermittlung von Latenzzeiten und das Programm *hackbench* zur Erzeugung von Systemlast.

Da erhöhte Latenzzeiten nicht im Leerlauf entstehen, sollte für eine wirklichkeitsnahe Systemlast gesorgt werden. Hier tun wir das mit *hackbench*.

Das Programm *cyclictest* wird gemäß Abbildung 159 aufgerufen. Die Ergebnisse werden in das Histogrammfile *hist.txt* geschrieben.

In einem weiteren Terminal kann nun noch das Programm *hackbench* zur Erzeugung zusätzlicher Systemlast gestartet werden.

Abbildung 159   Aufruf Cyclictest und Ergebnisausgabe

Abbildung 160 zeigt zwei identische Aufrufe von *hackbench*. Beim ersten Aufruf lief *cyclictest* und es wird eine Laufzeit von *hackbench* von 2.611 s erreicht. Im Leerlauf, also ohne laufenden *cyclictest*, beträgt die Laufzeit nur noch 1.558 s.

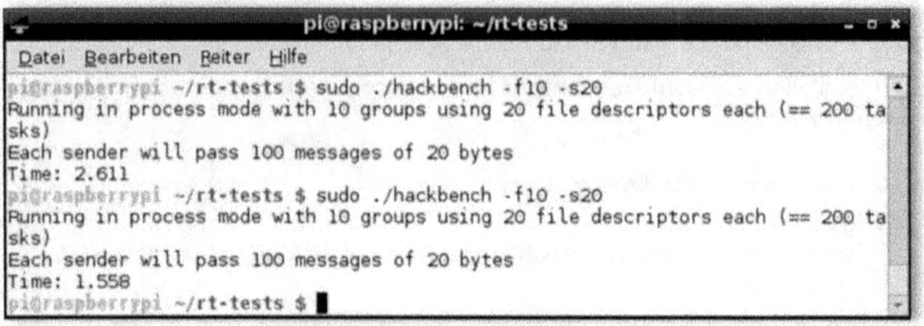

Abbildung 160 Systemlast erzeugen

Einen Auszug aus dem File *hist.txt* zeigt das folgende Listing:

```
# /dev/cpu_dma_latency set to 0us
# Histogram
000000 000000
000001 000000
000002 000000
000003 000000
000004 000000
000005 000000
000006 000000
000007 000000
000008 000000
000009 000000
000010 000000
000011 000000
000012 000000
000013 000000
000014 000000
000015 000003
000016 000013
000017 000064
...
000990 000000
000991 000000
000992 000000
000993 000000
000994 000000
000995 000000
000996 000000
000997 000000
000998 000000
000999 000000
# Total: 000027321
# Min Latencies: 00015
# Avg Latencies: 00046
# Max Latencies: 00972
# Histogram Overflows: 00000
```

Dem Histogramm liegen 27321 Messungen zu Grunde. Bei einer mittleren Latenzzeit von 46 µs ist ein Wert von 972 µs aufgetreten.

Je nach Anwendungsfall kann eine derart erhöhte Latenzzeit durchaus problematisch sein, gerade weil das Auftreten sehr selten ist. Abbildung 161 zeigt die Verteilung der einzelnen Latenzzeitwerte. In der logarithmischen Darstellung der Verteilung nach Abbildung 162 sind die Einzelwerte oberhalb von 150 µs besser erkennbar.

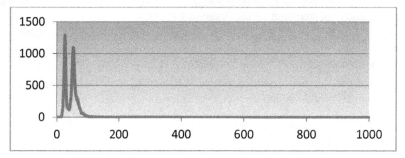

Abbildung 161   Verteilung der ermittelten Latenzzeiten

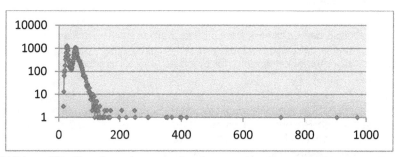

Abbildung 162   Verteilung der ermittelten Latenzzeiten (logarithmische Darstellung)

Um die Latenzzeiten deutlich zu reduzieren bietet sich hier der Einsatz von Xenomai, einem Real-Time Framework für Linux   an (http://www.xenomai.org/; http://www.raspberrypi.org/phpBB3/viewtopic.php?f=41&t=12368). Da sich diese Thematik aber aus dem Einführungsbereich deutlich heraus bewegt, soll der Verweis auf die weiterführenden Stellen hier genügen.

11.3 CoreMark

Coremark wurde speziell entwickelt, um die Funktionalität eines Prozessorkerns zu testen. Das Ergebnis des Benchmarks besteht in einem Index durch den eine einfache Vergleichbarkeit unterschiedlicher CPUs gegeben sein soll.

CoreMark besteht aus einfach zu verstehendem ANSI C Code mit einem realistischen Mix aus Lese/Schreib-Operationen, Integerarithmetik und Controloperationen. Das ausführbare *CoreMark* Programm umfasst weniger als 20 KB und kann so auch auf kleineren CPUs eingesetzt werden.

Quelltext und Dokumentation zum Coremark Benchmark kann von der Coremark Website http://www.coremark.org/download/index.php?pg=download heruntergeladen werden und man erhält derzeit das Archiv *coremark_v1.0.tgz*.

Nach dem das Archiv auf den Raspberry Pi kopiert ist, kann es entpackt und die Anwendung gebildet werden:

```
$ tar -vzxf coremark_v1.0.tgz
$ cd coremark_v1.0
$ make PORT_DIR=simple
$ ./coremark.exe
```

Die Ergebnisse des Coremark Benchmarks werden nach dem Test unmittelbar angezeigt und in der Datei *run1.log* gespeichert. Abbildung 163 zeigt die Ergebnisse des *Coremark* Benchmarks für einen mit 800 MHz getakteten Raspberry Pi Rev. 2.

Unter http://coremark.org/benchmark/index.php?pg=benchmark können die verschiedensten CPUs mit Hilfe des *Coremark* Benchmarks verglichen werden. Der dort für den Raspberry Pi eingetragene Wert von 1303.78 war bei einer Taktfrequenz von 700 MHz ermittelt worden. Der Wert von 1484.78 hier wurde bei 800 MHz Taktfrequenz erreicht, was aber erwartungsgemäss wieder auf einen Wert von 1.86 CoreMark/MHz zurückführt.

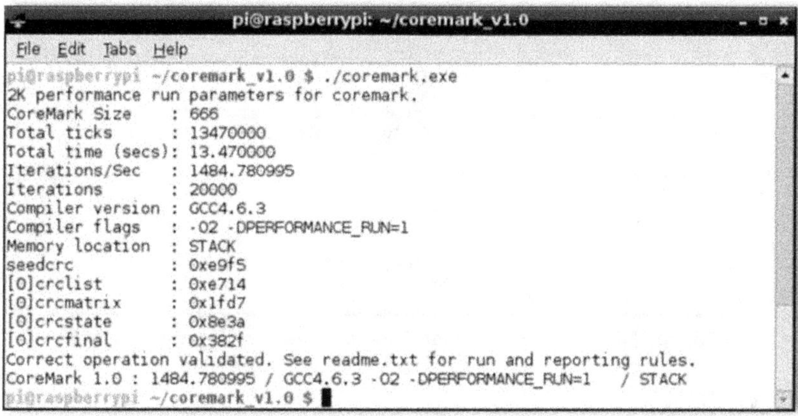

```
                 pi@raspberrypi: ~/coremark_v1.0              _ □ x
 File  Edit  Tabs  Help
 pi@raspberrypi ~/coremark_v1.0 $ ./coremark.exe
 2K performance run parameters for coremark.
 CoreMark Size    : 666
 Total ticks      : 13470000
 Total time (secs): 13.470000
 Iterations/Sec   : 1484.780995
 Iterations       : 20000
 Compiler version : GCC4.6.3
 Compiler flags   : -02 -DPERFORMANCE_RUN=1
 Memory location  : STACK
 seedcrc          : 0xe9f5
 [0]crclist       : 0xe714
 [0]crcmatrix     : 0x1fd7
 [0]crcstate      : 0x8e3a
 [0]crcfinal      : 0x382f
 Correct operation validated. See readme.txt for run and reporting rules.
 CoreMark 1.0 : 1484.780995 / GCC4.6.3 -02 -DPERFORMANCE_RUN=1   / STACK
 pi@raspberrypi ~/coremark_v1.0 $ █
```

Abbildung 163   Aufruf und Ergebnisse des Coremark Benchmarks

11.4 Scimark2

SciMark 2.0 ist ein Java Benchmark für wissenschaftliche und numerische Anwendungen. Der Benchmark misst verschiedene Verfahren und gibt ein summarisches Ergebnis in Mflop (Millions of floating point operations per second) zurück.

Hier wird die ANSI C Version des SciMark2 Benchmark betrachtet, die aus den originalen Java Sources portiert wurde. Die C-Quellen können von der URL http://math.nist.gov/scimark2/ herunter geladen werden.

Die Installation erfolgt durch die Kommandos:

```
$ mkdir scimark2
$ unzip scimark2_1c.zip
$ make
```

Abbildung 164 zeigt den Aufruf des SciMark2 Benchmarks und die ermittelten Resultate.

221

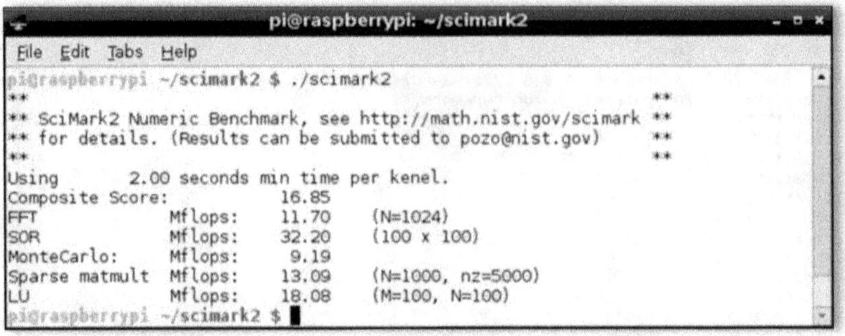

Abbildung 164   Aufruf des Scimark2 Benchmarks und Ergebnisausgabe

12. Pi Store

Mit dem *Pi Store* verfolgt die Raspberry Pi Foundation das Ziel, Entwicklern und Anwendern eine Plattform zum Teilen von Spielen, Applikationen, Tools und Tutorials zu bieten.

Pi Store ist bereits in der Raspbian Distribution enthalten und erlaubt dem Anwender, Inhalte herunter zu laden, aber auch eigene Inhalte zu Begutachtung und Freigabe hinauf zu laden.

Pi Store kann aber auch über das folgende Kommando (in jede andere Distribution) nachgeladen werden:

```
$ sudo apt-get update && sudo apt-get install pistore
```

Gestartet wird *Pi Store* durch Doppelclick auf das *Pi Store* Icon auf dem Desktop und meldet sich mit dem in Abbildung 165 gezeigten Login Fenster.

Pi Store nutzt die IndieCity Platform, weshalb man sich da registrieren muss, um *Pi Store* nutzen zu können. Ist die Registrierung einmal vorgenommen, dann erfolgt das Login in der üblichen Weise mit Usernamen und Passwort.

Nach erfolgreichem Login präsentiert der *Pi Store* seine Inhalte. Abbildung 166 zeigt einen Ausschnitt von gratis zur Verfügung gestellten Programmen. Neben diesen gibt es auch kostenpflichtige Inhalte zum Download

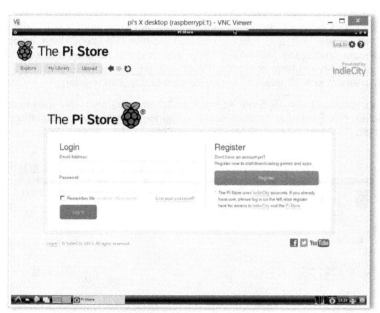

Abbildung 165   *Pi Store* Login

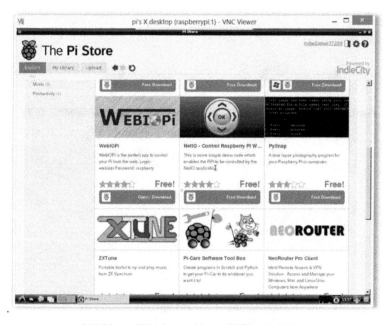

Abbildung 166   Auswahl von *Pi Store* Inhalten

Aus den zur Verfügung gestellten Inhalten kann ein Programm, ein Tutorial oder anderes ausgewählt und heruntergeladen werden. Es steht dann unter *My Library* zur Verfügung (Abbildung 167). Will man ein heruntergeladenes Programm installieren, dann erfolgt der Prozess in der bereits bekannten Form und kann in einem sich öffnenden Terminalfenster beobachtet werden.

Bei Verwendung von *Pi Store* können „stille" Installationen und automatische Updates des Bestands in My Library vorgenommen werden. Abbildung 168 zeigt die Konfigurationsmöglichkeiten im *Pi Store*.

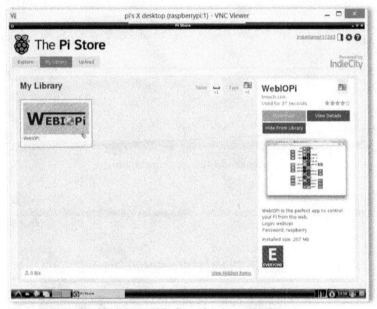

Abbildung 167   Donwload von Inhalten

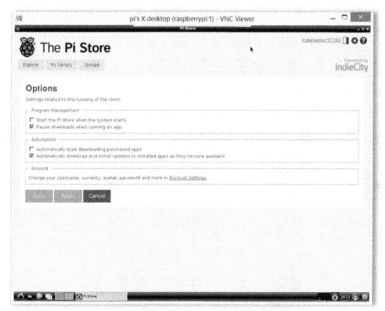

Abbildung 168 *Pi Store* Konfiguration

13. Shell Kommandos

Die Shell ist ein sehr wichtiges Tool unter Linux. Fortgeschrittene Linux-User arbeiten durch die Eingabe über die Kommandozeile (Konsole) oftmals schneller als mit der von Windows her bekannten Methode über Maus und Icons. Viele Aufgaben lassen sich nur über die Konsole erledigen und wir haben hier hinreichend davon Gebrauch gemacht.

In diesem Abschnitt wird deshalb eine Kurzübersicht zu den hier verwendeten Shell Kommandos mit knapper Erläuterung angegeben. Die in der folgenden Tabelle gelisteten Shell-Kommandos sind die im vorliegenden Text verwendeten und stellen aber nur einen kleinen Ausschnitt aus dem kompletten Kommandovorrat dar. Ausführlichere Hilfe zu Linux-Kommandos bekommt man über http://wiki.ubuntuusers.de/<Kommando>. Die Distribution Ubuntu baut auf Debian auf und hat somit die gleiche Basis wie das hier eingesetzte Raspbian.

Kommando	Beschreibung	Seite
adduser	Anlegen eines neuen Benutzers	126
apt-get remove	Deinstallation von Programmpaketen	53
apt-get install	Installation von Programmpaketen	53
apt-get update	Neues Einlesen von Paketlisten	53
apt-get upgrade	Upgrade installierter Programmpakete (wenn möglich)	53
aptitude	Paketverwaltung (grafische Variante)	202
cd	Wechsel in ein Verzeichnis (Change Directory)	82
chmod	Veränderung der Zugriffsrechten von Dateien	25
chown	Festlegen des Besitzer und der Gruppenzugehörigkeit von Dateien	85
crontab -e	Cron-Tabelle für einen Benutzer editieren	110
date	Ein- bzw. Ausgabe von Systemdatum und –zeit	108
dpkg -l	Ausgabe einer Liste mit Status, Version und einer Kurzbeschreibung von Programmpaketen	53, 253
echo	Ausgabe von Strings und Variablen auf der Standardausgabe	20, 24
g++	Aufruf des C++ Compilers	168
gcc	Aufruf des C Compilers	115
git	Aufruf des dezentralen Versionsverwaltungssystems git	154
grep	Suche nach Strings (oder regulären Ausdrücken) in Dateien	17
ln a al	Erzeugen eines Links zu einer Datei oder einem Verzeichnis	27
ls	Anzeige eines Verzeichnisses	21
ls -al	Komplettanzeige eines Verzeichnisses (Langform)	18
lua	Aufruf des Lua Interpreters	98, 106
make	Makefile gesteuerter Aufruf des Compilers	58, 114
md5sum	Berechnung und Vergleich der MD5-Prüfsumme für eine Datei	107, 196
dmesg -c	Löschen des Messagebuffers	188
modprobe	Laden bzw. Entladen von Modulen während der Laufzeit	124
python	Aufruf des Python Interpreters	98, 116
raspi-config	Aufruf des Raspbian Konfigurationsprogramms	44
reboot	Neustart (Reboot) des Systems	52
sh	Aufruf der Shell	30, 32
stat a	Anzeige von Eigenschaften und Zeitstempeln von Dateien und Verzecinissen, sowie Informationen zu Rechten, zu Besitzer und Gruppe	23
sudo	Ermöglicht die Ausführung von Kommandos, die dem Administrator vorbehalten sind	24, 44
tar	Archivieren und Extrahieren von Dateien	114
touch a	Ändern der Zeitstempel von Dateien bzw. Erstellen leerer Dateien	22
unzip	Entpacken von zip-Archiven	161, 221
usermod	Bearbeiten von Benutzerkonten	85
wget	Download von Files	114

14. Referenzen & Links

[1]   Entwickler-Legende baut den 19-Euro-Computer
       http://www.spiegel.de/netzwelt/gadgets/raspberry-pi-entwickler-
       legende-baut-den-19-euro-computer-a-805701.html

[2]   Raspberry Pi @ DesignSpark
       http://de.rs-online.com/web/generalDisplay.html?id=raspberrypi

[3]   Farnell elements14
       http://downloads.element14.com/raspberryPi1.html?isRedirect=true

[4]   Yaghmour, K.; Masters, J.; Be-Yossif, G.; Gerum, Ph.:
       Building Embedded Linux Systems
       O'Reilly 2008
       ISBN 978-0-596-52968-0

[5]   GNU/Linux Distribution
       http://linuxwiki.de/LinuxDistribution

[6]   Programmieren auf dem / für den Raspberry Pi
       http://raspberrycenter.de/handbuch/programmieren-raspberry-pi

[7]   GPL und andere Lizenzen in Linux
       http://www.christianthiel.com/publications/prosemlinuxlizenzen.html

[8]   OSADL Glossary
       https://www.osadl.org/Glossary.glossary.0.html

[9]   syscalls - Linux system calls
       http://linux.die.net/man/2/syscalls

[10]   Mochel, P.:
         The sysfs Filesystem
         http://www.kernel.org/pub/linux/kernel/people/mochel/doc/papers/ols-2005/mochel.pdf
         http://www.linuxsymposium.org/archives/OLS/Reprints-2005/mochel-Reprint.pdf

[11]   Survey of Filesystems for Embedded Linux
         http://elinux.org/images/b/b1/Filesystems-for-embedded-linux.pdf

[12]   Filesystem Hierarchy Standard
         http://de.wikipedia.org/wiki/Filesystem_Hierarchy_Standard

[13]   Daemon
         http://de.wikipedia.org/wiki/Daemon

[14]   Mini-ITX Mainboard ASUS ITX-220/Intel Celeron 220
         http://www.pollin.de/shop/dt/MjA4ODkyOTk-
         /Computer_und_Zubehoer/Hardware/Mainboards_Mainboard_Bundles/Mini_ITX
         _Mainboard_ASUS_ITX_220_Intel_Celeron_220.html

[15]   RPi Distributions
         http://elinux.org/RaspberryPiBoardDistributions

[16]   Raspberry Pi Downloads
         http://www.raspberrypi.org/downloads

[17]   Adafruit Raspberry Pi Educational Linux Distro
         http://learn.adafruit.com/adafruit-raspberry-pi-educational-linux-distro/occidentalis-v0-dot-1

[18]   Raspberry Pi Bootvorgang
         http://lynxline.com/lab-3-r-pi-booting-process/

[19]   APT Howto
         http://www.selflinux.de/selflinux/html/apt.html

[20]   Software-Packages in Debian
         http://packages.debian.org/stable/

[21]   Paket: cppcheck (1.44-1)
         http://packages.debian.org/stable/devel/cppcheck

[22]   Wiki Ubuntuusers - APT
         http://wiki.ubuntuusers.de/APT

[23]   Bollow, F.; Homann,M.; Köhne, P.:
         C und C++ für Embedded Systems.
         mitp 2009
         ISBN 978-3-8266-5949-2

[24]   RPi Verified Peripherals
         http://elinux.org/RPi_VerifiedPeripherals

[25]   Setting up SSH/FTP on your Pi!
         http://www.raspberrypi.org/phpBB3/viewtopic.php?t=6736

[26]   What time is it? How to add a RTC to the Raspberry Pi via I2C
         http://www.element14.com/community/groups/raspberry-pi/blog/2012/07/19/what-time-is-it-adding-a-rtc-to-the-raspberry-pi-via-i2c

[27]   Crontab Tutorial und Syntax:
         Cronjobs unter Linux einrichten und verstehen
         http://stetix.de/cronjob-linux-tutorial-und-crontab-syntax.html

[28]   C library for Broadcom BCM 2835 as used in Raspberry Pi
         http://www.open.com.au/mikem/bcm2835/

[29]   Install RPi.GPIO Library in Raspbian
         http://www.raspberrypi-spy.co.uk/2012/07/install-rpi-gpio-library-in-raspbian/

[30] I^2C-Tools Package
         http://packages.debian.org/stable/i2c-tools

[31]   lm-sensors Dokumentation
        http://www.lm-sensors.org/wiki/i2cToolsDocumentation

[32]   Produktbeschreibung I²C-Analogkarte
        http://www.horter.de/i2c/i2c-analog-u/analog-u_1.html

[33]   RasPiComm - The piggyback extension designed for the Raspberry Pi!
        http://raspberrycenter.de/artikel/raspicomm-erweiterungsplatine-automationsaufgaben
        http://www.amescon.com/raspicomm.aspx
        http://www.amescon.com/raspicomm/technical-specifications.aspx
        http://amesberger.files.wordpress.com/2012/08/raspicomm_v3.pdf

[34]   Gertboard
        http://www.element14.com/community/docs/DOC-51726?ICID=raspberrypi-gert-banner
        http://www.element14.com/community/docs/DOC-52867/l/assembled-gertboard-schematics

[35]   Arduino Bridge
        http://www.cooking-hacks.com/index.php/documentation/tutorials/raspberry-pi-to-arduino-shields-connection-bridge

[36]   arduPi
        (http://www.cooking-hacks.com/skin/frontend/default/cooking/images/catalog/documentation/raspberry_arduino_shield/arduPi_1-5.tar.gz).

[37]   RaspiCheck App
        https://github.com/eidottermihi/rpicheck

[38]   Emde, C.; Gleixner, Th.; Schwebel, R.:
        Latenzen auf der Spur
        https://www.linutronix.de/uploads/images/PDF/D_&_E_2009_09_Latenzen_auf_der_Spur.pdf

[39]   Emde, C.: Echtzeit im Echtheits-Test
        https://www.osadl.org/uploads/media/Elektronik-2011-02.pdf

[40]   Linux in embedded systems - Realtime-Linux

http://www.kasi-online.de/arbeiten/proseminar.pdf

[41]   Cyclictest

https://www.osadl.org/Realtime-Preempt-Kernel.kernel-
rt.0.html#externaltestingtool

[42]   Interview mit Eben Upton: „What are you Doing?",

Elektor April 2012

[43]   Understand Linux Shell and Basic Shell Scripting Language Tips

http://www.tecmint.com/understand-linux-shell-and-basic-shell-
scripting-language-tips/

[44]   5 Shell Scripts for Linux Newbies to Learn Shell Programming – Part II

http://www.tecmint.com/basic-shell-programming-part-ii/

[45]   GNU Bash

http://www.gnu.org/software/bash/

Weiterführende Links:

Informationen und Quellcodes zum Beitrag
http://sourceforge.net/p/raspberrypisnip/wiki/Home/

Webseite zum Buch
http://www.ckuehnel.ch/Raspi-Buch.html

Linux Wiki
http://de.linwiki.org/wiki/Hauptseite

http://wiki.ubuntuusers.de/Startseite

http://de.wikibooks.org/wiki/Linux-Kompendium

https://wiki.archlinux.de/

http://www.linux-magazin.de/

http://www.linux-fuer-alle.de/

15. Index

16. Abbildungsverzeichnis

17. Anhang

In den folgenden Abschnitten werden einige Zusatzinformationen gegeben, die das Bild um den Raspberry Pi etwas abrunden helfen.

17.1 Weiterführende Informationen

Seit dem Erscheinen des Raspberry Pi am Markt hat sich eine breite Community ausgebildet und man findet zu nahezu jeder Fragestellung Anregungen, Hinweise bis hin zu kompletten Lösungen.

Über die bereits in den vorangegangenen Abschnitten angegebenen Links gibt es eine Reihe von Webseiten, die es sich lohnt hin und wieder aufzusuchen. Diese Zusammenstellung muss naturgemäss subjektiven Charakter haben, denn einen Anspruch auf Vollständigkeit kann es in diesem dynamischen Umfeld nicht geben.

Sucht man mit Hilfe von Google nach dem String „Raspberry Pi" im Web, dann findet man ungefähr 14'900'000 Einträge und bei Blogs ungefähr 3'930'000 (2013-05-30).

Website der Raspberry Pi Foundation
http://www.raspberrypi.org/

The Raspberry Pi Magazine MagPi
http://www.themagpi.com/

Deutsche Wikipedia
http://de.wikipedia.org/wiki/Raspberry_Pi

Adafruit Learning System
http://learn.adafruit.com/category/raspberry-pi

Raspberry Pi, Webcam und Twitter
http://blog.hildwin.de/2013/05/25/raspberry-pi-webcam-und-twitter/

Pidora – ein Fedora Remix optimiert für den Raspberry Pi
http://pidora.ca/

Pi3g Blog – unbegrenzte Raspberry Pi Möglichkeiten
http://blog.pi3g.com/

Jan Karres' Blog
https://jankarres.de/category/raspberry-pi/

Raspberry Pi: Meine Config für Raspbmc
http://nerdeintopf.net/2013/05/14/raspberry-pi-meine-config-fur-raspbmc/

Den Raspberry Pi als Druckserver benutzen
http://seeseekey.net/blog/97759

ownCloud auf dem Raspberry Pi
http://blog.ulibauer.de/?p=239

Raspberry PI: Erste Schritte mit dem Steuern der Funksteckdosen
http://fschreiner.de/?p=379

Raspberry Pi on Twitter
https://twitter.com/Raspberry_Pi

Raspberry Pi Wetterstation
http://www.tinkerforge.com/de/doc/Kits/WeatherStation/Construction_RaspberryPi.html

Raspberry Pi Stack Exchange is a question and answer site
http://raspberrypi.stackexchange.com/

Raspberry Pi Challenge
http://www.instructables.com/id/Raspberry-Pi-Challenge/

Make:
http://blog.makezine.com/category/electronics/raspberry-pi/

Asterisk for Raspberry Pi
http://www.raspberry-asterisk.org/

Computer Lab University of Cambridge
http://www.cl.cam.ac.uk/projects/raspberrypi/

Deutsches Raspberry Pi Forum
http://www.forum-raspberrypi.de/

Design Spark
http://www.designspark.com/nodes/view/type:design-centre/slug:raspberry-pi

Home Automation mit dem Raspberry Pi
http://www.xn--c-lmb.net/2012/12/home-automation-mit-dem-raspberry-pi-1.html

Raspberry Pi als digitaler Bilderrahmen
http://strobelstefan.org/?p=3245

Developer Blog
http://developer-blog.net/category/hardware/

My Raspberry Pi Experience
http://myraspberrypiexperience.blogspot.de/

Raspberry Pi Tutorials
http://www.elektronx.de/tutorials/

Raspberry Pi Spy - Raspberry Pi tutorials, scripts, help and downloads
http://www.raspberrypi-spy.co.uk/

Raspberry Pi Wiki
http://www.ckuehnel.ch/dokuwiki/doku.php#rasberry_pi_-_an_arm_gnu_linux_box_for_25

Raspberry Pi – G+ Fan Community
https://plus.google.com/u/0/communities/113390432655174294208

Raspberry Pi Deutschland
https://plus.google.com/communities/109810954322836184700?partnerid=gplp0

Raspberry Pi Forever
https://plus.google.com/communities/113390432655174294208?gpsrc=gplp0&partnerid=g
plp0#communities/106841231015646303290

Raspberry Pi auf Facebook
https://www.facebook.com/groups/rpi.de/

Raspberry Pi Hack
https://twitter.com/RaspberryPiHack

The official Twitter account for the Raspberry Pi Foundation
https://twitter.com/Raspberry_Pi

RaspberryPiBeginners
https://twitter.com/RaspPiBeginners

Hackaday - Fresh hacks every day in the cloud
https://twitter.com/hackaday

The source for end-to-end engineering solutions
https://twitter.com/element14

RS Components
https://twitter.com/RSElectronics

17.2 TFT-LCD-Monitor an Composite RCA

Für mobile Anwendungen kann ein einfacher TFT-LCD-Monitor über Composite RCA angeschlossen werden. Bei Verwendung des Composite RCA Anschlusses muss der HDMI-Ausgang frei bleiben.

Abbildung 169 zeigt beispielhaft einen 4,3 Zoll TFT-LCD-Monitor von TaoTronics, der über amazon.de sehr preiswert angeboten wird.

Abbildung 169   TaoTronics® TT-CM05 4,3 Zoll PAL/NTSC TFT LCD Monitor

Natürlich kann man von diesem Monitor keine Wunder erwarten, doch wie Abbildung 170 an Hand des Desktops zeigt, ist die Abbildung für viele Zwecke durchaus brauchbar.

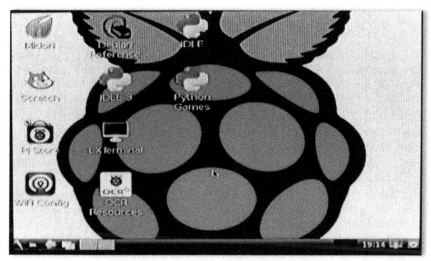

Abbildung 170 LX Desktop (640 x 480)

Die Datei *config.txt* muss an die Gegebenheiten des Monitors angepasst werden. Die Datei ist mit Root-Rechten zu editieren:

```
$ sudo nano /boot/config.txt
```

Folgende Einstellung müssen in der datei *config.txt* aktiviert sein, wobei die Overscan-Optionen nur dann erforderlich sind, wenn das Bild für den Monitor zu klein (schwarzer Rand vorhanden) oder zu gross ist.

```
sdtv_mode=2
sdtv_aspect=3

overscan_left=20
overscan_right=5
overscan_top=5
overscan_bottom=5

framebuffer_width=640
framebuffer_height=480
```

Mit diesen Einstellungen kann man schrittweise den Bildschirminhalt an den Monitor anpassen.

Aktiviert werden die Einstellungen nach dem Abspeichern der Datei *config.txt* und einem anschliessenden Reboot. Der HDMI-Ausgang darf dann nicht beschaltet sein.

17.3 Raspberry Pi vs. ROW

Zugegebenermassen ist die Überschrift dieses Abschnitts etwas übertrieben. Die folgenden Tabellen stellen eine vergleichende Übersicht nicht gerade zum Rest der Welt (ROW), aber zu einer Reihe von Mikrocontrollern in einer zum Raspberry Pi vergleichbaren Leistungsklasse dar und vermitteln einen recht guten Überblick zu den aktuell verfügbaren und angekündigten Boards.

Die in Tabelle 29 gezeigte Übersicht ist aus Gründen des Umfangs etwas reduziert und bei Interesse kann man unter http://techwatch.keeward.com/geeks-and-nerds/arduino-vs-raspberry-pi-vs-cubieboard-vs-gooseberry-vs-apc-rock-vs-olinuxino-vs-hackberry-a10/ die komplette Übersicht finden.

Die Arduino Boards gehören eigentlich nicht in diese Leistungsklasse, bilden aber, wie gezeigt wurde, eine sehr gute Ergänzung als Peripherieerweiterung und sind nicht zuletzt wegen ihrer Verbreitung von Interesse.

Board Name	Preis	Proc.	Clock Speed	SoC	GPU	RAM	Memory	Max Memory
Arduino Uno	20€	ATmega328	16Mhz	/	/	2 KB	32 KB	32 KB
Arduino Due	39€	AT91SAM 3X8E	85MHz	/	/	96 KB	512 KB	512 KB
Raspberry Pi Model B	26€	ARM11	700MHz	Broadcom BCM2835	Video Core IV	512 MB	None	32 GB via SD
Cubie Board	36€	ARM Cortex-A8	1GHz	Allwinner A10	ARM Mali-400	1 GB	4 GB NAND flash	32 GB via SD
Goose-berry	46€	ARM Cortex-A8	1GHz	Allwinner A10	ARM Mali-400	n/a	4 GB NAND flash	32 GB via SD
APC Rock	59€	ARM Cortex-A9	800MHz	Wondermedia Prizm WM9950	ARM Mali-400	512 MB	4 GB NAND flash	32 GB via SD
A13 OLinuXino Wifi	55€	ARM Cortex-A8	1GHz	Allwinner A13	ARM Mali-400	512 MB	4 GB NAND flash	32 GB via SD
A10 OlinuXino	n/a	ARM Cortex-A8	1GHz	Allwinner A10	ARM Mali-400	1 GB	4 GB NAND flash	32 GB via SD
Hackberry A10	48€	ARM Cortex-A8	1.2GHz	Allwinner A10	ARM Mali-400	1 GB	4 GB NAND flash	32 GB via SD

Board Name	GPIO	AIn	AOut	USB/USB host	ETH	Wifi	HDMI	VGA	Video out	SD/μSD	Audio out	Audio Line In	Mic. In	Sata	Infrared	Linux
Arduino Uno	14	6	0	1/o pt	opt	opt	0	0	1	opt	opt	0	0	0	GPIO	0
Arduino Due	54	12	2	1/1	opt	opt	0	0	1	opt	opt	0	0	0	GPIO	0
Raspberry Pi Model B	26	0	0	2/0	1	opt	1	0	1	1/0	1	0	0	0	0	1
Cubie Board	96	0	0	2/1	1	opt	1	0	0	0/1	1	1	0	1	1	1
Goose-berry	None	0	0	0/1	1	1	1	0	0	0/1	1	1	0	0	0	1
APC Rock	24	0	0	2/1	1	opt	1	1	0	0/1	1	1	1	0	0	1
A13 OLinuXino Wifi	68/74	0	0	3/1	opt	1	0	1	1	0/1	1	0	1	0	0	n/a
A10 OlinuXino	132	0	0	2/1	1	opt	1	1	1	0/1	1	0	1	1	0	n/a
Hackberry A10	None	0	0	2/0	1	1	1	0	1	1/0	1	0	1	0	1	1

Tabelle 29   Raspberry Pi im Vergleich zu weiteren Controllern (1)

Einen weiteren Vergleich findet man unter Einbeziehung des UDOO Controllers unter der URL http://www.kickstarter.com/projects/435742530/udoo-android-linux-arduino-in-a-tiny-single-board/posts (Tabelle 30).

Der Raspberry Pi ist auch in dieser Zusammenstellung zwar nicht in jedem Punkt führend, bietet aber mit solchen Erweiterungen, wie der Arduino Bridge oder anderen Erweiterungsboards vergleichbare Funktionalität zu einem sensationellen Preis.

Ein weiterer, aus meiner Sicht fast noch wichtigerer Punkt als die reine Performance ist die Raspberry Pi Community, die in einer grossen breite seit der Markteinführung des Raspberry Pi entstanden ist. Für die meisten anwendungstechnischen Fragestellungen findet man im Netz Lösungen oder zumindest Anregungen.

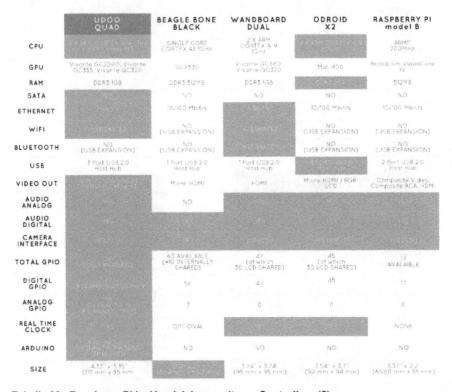

	UDOO QUAD	BEAGLE BONE BLACK	WANDBOARD DUAL	ODROID X2	RASPBERRY PI model B
CPU	4 x ARM CORTEX A9 1GHz	SINGLE CORE CORTEX A8 1GHz	2 X ARM CORTEX A-9 1GHz	4 x ARM CORTEX A-9	ARM1 700MHz
GPU	Vivante GC2000, Vivante GC355, Vivante GC320	SGX530	Vivante GC880, Vivante GC320	Mali 400	Broadcom VideoCore IV
RAM	DDR3 1GB	DDR3 512MB	DDR3 1GB		512MB
SATA		NO	NO	NO	NO
ETHERNET		10/100 Mbit/s		10/100 Mbit/s	10/100 Mbit/s
WIFI		NO (USB EXPANSION)		NO (USB EXPANSION)	NO (USB EXPANSION)
BLUETOOTH	NO (USB EXPANSION)	NO (USB EXPANSION)		NO (USB EXPANSION)	NO (USB EXPANSION)
USB	3 Port USB 2.0 Host Hub	1 Port USB 2.0 Host Hub	1 Port USB 2.0 Host Hub		2 Port USB 2.0 Host Hub
VIDEO OUT		Micro-HDMI	HDMI	Micro-HDMI / RGB LCD	Composite Video, Composite RCA, HDMI
AUDIO ANALOG		NO			
AUDIO DIGITAL					
CAMERA INTERFACE					
TOTAL GPIO		65 AVAILABLE (+10 INTERNALLY SHARED)	47 (of which 30 LCD SHARED)	45 (of which 30 LCD SHARED)	17 AVAILABLE
DIGITAL GPIO		56	47	45	17
ANALOG GPIO		7	0	0	0
REAL TIME CLOCK		OPTIONAL			NONE
ARDUINO		NO	NO	NO	NO
SIZE	4.33" x 3.46" (110 mm x 85 mm)		3.74" x 3.74" (95 mm x 95 mm)	3.54" x 3.7" (90 mm x 94 mm)	3.37" x 2.2" (85.60 mm x 56 mm)

Tabelle 30   Raspberry Pi im Vergleich zu weiteren Controllern (2)

17.4 Raspbian – Installierte Pakete

Die Liste aller auf unserem Raspberry Pi installierten Pakete kann mit

```
$ dpkg -l > packages.txt
```

ausgegeben werden. Da die Liste recht lang wird, speichern wir sie hier im File *packages.txt* ab und können sie so auch handhaben.

Eine tabellarische Zusammenstellung zeigt den Installationsstatus des betreffenden Systems und kann beispielhaft die Mächtigkeit der Raspbian Distribution verdeutlichen.

Hier soll aus Gründen des Umfangs der Zusammenstellung auf einen Abdruck verzichtet werden. In einer frühen Phase umfasste diese Zusammenstellung bei meinem System immerhin reichlich 800 Einträge.

Notizen

Ihre Meinung oder Ihre Erkenntnisse können auch anderen von Nutzen sein. Auf der Webseite zum Buch (www.ckuehnel.ch/Raspi-Buch.html) finden Sie einen Link, um uns entsprechende Hinweise mitzuteilen.

256